テレビが映し出した平成という時代

川本裕司

はじめに

平成に入って2年目の1990年に始まったアニメ**「ちびまる子ちゃん」**の原作者、さくらももこは平成が終わる前年の2018年に亡くなった。アイドルがバラエティー番組を担う先駆けとなった**「SMAP×SMAP」**は96年（平成8年）にスタートし、20年後に幕を閉じた。いずれもフジテレビの人気番組だった。平成時代を思い起こす番組といえば、結果的にフジテレビの放送によるものが多いように感じる。

昭和から平成に移る1980年代末、最も勢いのあった民放はフジテレビだった。新しく試みる番組が次々と当たり、手がけるイベントはグループあげてのてらいのないPRでいつも盛り上がった。

それから30年。**平成が終わろうとするいま、勢いを失って最も苦しんでいるのがフジテ**

レビだ。 どうして、このように様変わりしたのだろうか。

自局の番組を批評する**「新・週刊フジテレビ批評」**に出演した漫画家**やくみつる**は16年4月、テレビ界の現状をテーマにした際、〝フジテレビ視聴率不振〟というキーワードをふられて、こう答えた。「ノリがやはりバブル期なのかと思う。番組個々を見ればおもしろいものもあるのだが、あの時代の残り香のようなものを視聴者側、とくにネット住民などは過敏に受け取っているという印象がある」

80年代後半、制作会社の幹部から取材で聞いた話が強く記憶に残っている。「番組の企画の売り込みにテレビ局に行ったとき、おもしろければフジテレビでは担当者が即決で話がまとまる。一方、ＴＢＳは『会議にかけないといけないので』となかなか決まらない」。制作会社にとって自信のある企画は、まずフジテレビに持ち込まれるという循環が生まれていった。新興のフジテレビが80年代初めに視聴率トップに立ち、逆転された老舗のＴＢＳはますます水をあけられていった。

「好きなテレビ局」1位がまさかの失速

フジテレビはたしかにノリのいいテレビ局だった。とりわけバブル期には制作費を他局以上にかけ、バラエティー番組などでビートたけしや明石家さんま、タモリら大物タレントをレギュラー番組に起用した。当時セーターを肩からかけ袖口をゆるく結ぶ「プロデューサー巻き」をする作り手が、最も多く生息していそうなテレビ局でもあった。

同時に、若手の脚本家と俳優を大胆に起用したトレンディードラマは、若い女性の支持を集めた。自動車レースの最高峰・F1の独占中継、実験的な深夜番組、積極的な映画制作など、他局よりいち早く動いては、ブームを巻き起こしていった。

こうした勢いを裏づけるデータもあった。**NHK放送文化研究所が2000年に関東地方の16～65歳の2200人（回答率76・5％）を対象に実施したNHKを含めた「ステーションイメージ調査」で、フジテレビは好きなテレビ局1位となった。**

25項目の評価的イメージの回答でも、「笑える番組がある」「元気」「気楽に見られる」「友だちの間で話題になる」「親しみが感じられる」「家族で一緒に楽しめる」「出演者が魅力的」

など10項目で首位だった。2位は「災害時に役に立ちそう」「信頼できる」など8項目が首位のNHKで、他の民放はトップが0~2項目にとどまった。「感覚的なイメージ」を聞いた設問では、フジテレビは「若々しい」「派手な」「ひょうきんな」といったイメージを最も強くもたれていた。

とはいえ、30年も前のバブル期の余香がいまも強く存在するというやくみつるの指摘に、賛同するだけの根拠が簡単に見つかるわけではない。97年、東京・台場に移転した丹下健三設計による新本社の派手なデザインが強い印象を与えているかもしれないが、番組のどこがバブル的かという具体的な分析はあまり耳にしない。

むしろ、社内の組織の変化にこそ、フジテレビの「失速」の遠因があったように思える。

82年から93年まで、フジテレビは全日(6~24時)、ゴールデンタイム(19~22時)、プライムタイム(19~23時)という三つの時間帯で視聴率が首位となる「三冠王」に輝いていた。しかし、94年、日本テレビに三冠王を奪われると、03年まで2位に甘んじた。そして、04年に再び11年ぶりに三冠王に返り咲いた。

トップの座を奪い返した00年代後半から、フジテレビの編成部門である変化が起きたといわれている。以前は、番組の企画を実質的に決めていたのは編成部副部長だった。それが局長クラスの権限が強まり、担当者による即決といった権限委譲は許されなくなったという。

制作現場での即決は、コストの面では甘さを生みがちだ。一つひとつの企画を制作費も含めて精査すれば、コストマネジメントは徹底する代わりに決定までのスピードは遅くなる。二律背反の側面があるとはいえ、三冠王に返り咲いた実績もあってか、上層部による強いグリップが続くことになったという。

16年ごろ、フジテレビからの出向者がいる民間企業で、社内で新しい企画のアイデア募集をしたことがあった。それぞれが温めていた案を上司にあげたが、フジテレビからの出向社員は「どんなアイデアなら上司が喜ぶのですか」と同僚に尋ねたという。パイオニアであることが特徴だったフジテレビの社員は変質してしまったことを示す逸話だ。

名声や栄誉をもたなかったテレビ局が前例のない手法で挑戦して成功を収めたものの、再び逆転された。再上昇を目指すとき、先行する局と似たスタイルをとって結果を出した。

成果を獲得する代わりに、現場が自由奔放さを謳歌する闊達さを手放してしまった。**つまり、フジテレビが「普通のテレビ局」となってしまったのだ、と考える。**

04年に取り返した三冠王は10年を最後に失ってしまった。トップの日本テレビを追いかけるどころか、12年には3位、16年には4位へと転落した。18年にやや回復の兆しが見えたものの、順位を上げるまでには至っていない。

メディアとして頂点に達し、曲がり角を迎えた平成のテレビ

フジテレビ論が長くなってしまったが、ここにまとめたのは、**平成の30年間に放送された記憶に残る番組を手がけた制作者に会い、なぜ視聴者の心に響いたかを尋ねた記録である。**

その手法はそれぞれにちがっていたが、時代の移り変わりを意識しながら独自の確信をもって番組づくりに取り組んでいたことは共通している。繰り返される革新、実験を重ねた末の発見、覚悟を決めたうえでの判断……。画面には映らない過程にこそ、成功の秘訣があった。

テレビがもつメディアの力が、数字として示されたのが平成の初期でもあった。

1975（昭和50）年に広告費の媒体別構成比で、テレビは新聞を抜いて首位となった。その後、差は拡大し、80年代後半のバブル期にはより顕著になる。80年度に8687億円だった民放のテレビ収入は、90年度には1兆8024億円と2倍以上にも成長した。

バブル経済が崩壊した92年度と93年度は2年連続で民放のテレビ収入は前年を下回った。**地上波民放の営業収入が最も多かったのは、06年度の2兆3702億円だった**（電通メディアイノベーションラボ編「情報メディア白書」）。以後、この数字を上回ることはなく、17年度は2兆1710億円だった。

テレビ全体がどれくらい見られているかを示す「総世帯視聴率」（6～24時、関東地区、ビデオリサーチ調べ）では、頂点はさらに早い時期だったことがわかる。ほぼ右肩上がりだったが、93年の47・0％（8時間28分）でピークを迎える。ライフスタイルの変化などの影響と見られた。その後はゆるやかに減り、前年から1・2ポイント下がった10年以降は42％を切り、「テレビ離れ」ともいわれるようになった。17年の総世帯視聴率は40・8％だった。

視聴率の数字にこだわることに、私自身は賛同していない。ただ、メディアとしての傾向を把握するための一つの指標としての役割はある、と考える。視聴率が放送局や番組の優劣を示すものではなく、トレンドを示すものとして活用するという意味で引用している。

破竹の勢いだったテレビにブレーキをかけた存在としてインターネットがあるのは間違いない。05年には、ネット企業のライブドアがフジテレビの親会社であるラジオ局のニッポン放送の過半数の株式取得に乗り出す「ライブドアショック」が起こった。注目を集めた「放送と通信の融合」は10年余り経って、日常的な光景になりつつある。

広告収入の面でも、インターネットの追い上げは急だ。20年にはテレビを逆転するのでは、という観測が出ている。まさに転換期にある。

テレビが成長しピークに達したあと、曲がり角を迎えた平成の30年間を、代表的な番組を通して見ることで、時代の変遷を描けるのではないか。社会現象や流行に敏感に反応し、視聴者を巻き込むテレビだからこそ、世の中や人々の心理の移り変わりが浮き彫りになるのでは。こんな狙いで始めた取材は、いまだからこそ語られる秘話やエピソードに彩られながら、予想を超えたストーリーに満ちていた。

テレビが映し出した平成という時代　目次

はじめに　2

第1章　ドラマ／アニメ

トレンディードラマはなぜ誕生したか？　20
大御所脚本家に振り向いてもらえない／プロデューサー主導の時代へ／バブル期の人々の心を反映した「君の瞳をタイホする！」／バブル絶頂期に変わった視聴者、純愛路線に転換／「やれるものならやってみろ」のチャレンジ精神
時代と共振したフジ・大多亮氏の7年間　32
「新しいプロデューサー」の時代／社会現象になった「東京ラブストーリー」／「101回目のプロ

ポーズ」「ひとつ屋根の下」／視聴率のジレンマ／プロデューサー強権の功罪

フジテレビ「月9」という神話　42

木村拓哉と筒井道隆の役柄を入れ替えた「あすなろ白書」／せりふに「好き」を使わない「ロングバケーション」／「踊る大捜査線」でトレンディードラマと決別／視聴率3冠王奪還を期待されトップに／月9不要論も。変化を迫られるフジテレビ

「北の国から」が続いた秘訣と終わった理由　53

予算は通常の倍、社運をかけたドラマ「北の国から」／続編も好調／「一生、黒板純でいたくない」と吉岡秀隆／東京へ移った地方出身者が熱心に見た？

新しい家族像を描いた「Mother」「Woman」と「逃げ恥」　63

現代の悲劇を描くことにこだわった「Mother」／貧しさのリアリティーを正面からとらえた「Woman」／多様な人生を描いた「逃げるは恥だが役に立つ」

TBSに勢いを与えたドラマ「JIN」　73

老舗放送局の信頼失墜と視聴率低迷／TBS復活の狼煙となったドラマ「JIN—仁—」／あこがれ

の亀山千広からの激励／質と企画にこだわる「ドラマのTBS」の底力

視聴率を狙わないWOWOWドラマの力　82

「発掘！あるある大事典II」データ捏造事件／中核の40～60代をメインターゲットにした「ドラマW」／「加入者から前金をもらっている」という緊張感

ポケモンで始まったテレ東アニメ戦略　93

アニメで「子どもに夢を、会社に金を」／大ヒット「エヴァンゲリオン」と「ポケモン」

インタビュー01　和田竜さん「単純にすればいいのか」　98

第2章　バラエティ

若者を熱狂させたフジの深夜番組が消えたわけ　108

「深夜の編成部長」から生まれた「カノッサの屈辱」／「オタク＝悪」に反発した「カルトQ」／徹底した革新路線／「夢で逢えたら」／「深夜番組」は「普通の番組」に

「探偵!ナイトスクープ」の三つの発明　121
作り手が一緒にバカになる番組／ナレーションを一切入れず／聞き取りにくいセリフの補足から生まれた「テロップ」／たけしら「お笑いの天才」が出現しなかった平成時代
前例ないおもしろさ求めた「イッテQ」の登山　131
予定調和のない大自然が視聴者を引きつける／知名度のないタレントだからこそ新鮮さがある／チャレンジ精神がオンリーワンを生む
固定観念排し「水曜どうでしょう」は成功　140
行きたい場所へ行き、運任せのロケ／疲弊したら番組を休止したっていい／DVD売上は180億円
インタビュー02　大場吾郎さん「番組の海外展開の潮流」　150

第3章　ニュース／スポーツ／ドキュメンタリー

報道を黒字にした「ニュースステーション」　158

「中学生にもわかるニュース番組」をつくる／巨人ファンからのクレーム電話に手ごたえ／すべてのコメントが久米宏の独断だった／3度の危機

経済ニュース番組を切り拓いた「WBS」 171

「超マジメ」国内初の本格経済ニュース番組／先進的だった日・英・米の株式市場を結ぶ国際中継／キャスター小池百合子、政界への転身

消えた政治討論「サンプロ」「時事放談」 178

3人の首相を辞めさせた伝説の番組／官房機密費「断られたのは田原総一朗さん1人」／安倍1強で自民党内から消えた政治家同士の激論／「テレビ元老」とともに消えた「時事放談」

少数意見と真実発掘のドキュメンタリー 189

「絶対放送させない」と反対した社長／映画化、「さよならテレビ」という新たな挑戦／テレビ報道で冤罪証明「足利事件」／17年半も自由を奪われた末の無罪、釈放／「小さな声を聞け」を原則とした取材／論争が絶えない「南京事件」に取り組む

車窓や職人技に焦点をあてる 205

撮影はぶっつけ本番、30余年で106カ国へ／「人間との出会いが番組の魅力」／インバウンドブームに乗って視聴率を伸ばした「和風総本家」

他局が目を向けない競技を開拓したテレ東　213

岡田武史や井原正巳らサッカー少年が熱中／Jリーグ開幕と「ドーハの悲劇」

インタビュー03　目加田説子さん「波風を立てない報道が増えた」　219

インタビュー04　河合薫さん「番組存在の軸が見えない」　226

おわりに　233

＊本書は、朝日新聞デジタル内にある課金制の言論サイト「WEBRONZA」（ウェブロンザ）で2018年8月24日から19年1月7日まで、22回にわたり連載した記事をまとめたものです。

＊本書における肩書き、年齢はすべて連載時のものです。

＊本文中の敬称は省略しています。

＊本文中の年号は、「平成」などの表記がない限り、すべて西暦です。

第1章
ドラマ／アニメ

トレンディードラマはなぜ誕生したか？

今年4月末で「平成」が終わる。バブル最盛期の１９８９年に始まり、格差社会が定着した２０１９年に幕を閉じる。インターネットの隆盛でテレビの地位が揺らぐようになった時代ともいえる。テレビが取り上げると、社会現象が起こり流行となるという爆発的な盛り上がりを見せるといった体験は薄らぎ、世の中は分断に向かっているように感じる。

しかし、社会の移り変わりを映し出すテレビ番組をたどれば、平成の時代がどのような歩みを示したかが、くっきりとわかるのではないだろうか。視聴者の意向をより直接的に番組に反映される民放に、この30年間が刻印されているにちがいない。こんな思いから、拡張を経て転換期を迎えたテレビの制作者らに会いに行った。まず、バブルの時代に「イケイケ」だったフジテレビから。

大御所脚本家に振り向いてもらえないフジテレビ

フジテレビのドラマのヒットメーカーとして知られた**亀山千広**（63）＝現・BSフジ社長＝と大多亮（59）＝現・フジテレビ常務＝には、共通点がある。昭和から平成にかけて健筆をふるい脚本家「四天王」ともいわれた、向田邦子（1981年死去）、**早坂暁**（2017年死去）、**山田太一**（84）、**倉本聰**（83）の作品を一度も手がけていないことだ。**大御所の脚本家に振り向いてもらえないことから、若手を起用したフジテレビのトレンディードラマが誕生した。**

テレビ放送が始まったのは1953（昭和28）年。草創期の50～60年代のドラマは、TBSの岡本愛彦やNHKの和田勉らに代表される**「演出家の時代」**といわれた。連続ドラマが定着してきた70年代には、テレビ生え抜きの**「脚本家の時代」**に変わっていった。

ドラマの質を握るのは、いまも昔も脚本である。その中で、視聴者の支持を集めるドラマを制作していた民放はTBSだった。BC級戦犯の悲劇を描いた不朽の名作**「私は貝になりたい」**（1958年）で評価を固めた。ホームドラマのあり方を覆した**「岸辺のアル**

バム」（77年）や時代の空気を巧みに取り入れた**「男女7人夏物語」**（86年）など、「ドラマのTBS」の実力を示す作品群がそびえ立っていた。

このため、売れっ子の脚本家が優先して仕事をするのは、大河ドラマなどをもつNHKと民放で視聴率トップのTBSだった。

フジテレビの**山田良明**（71）＝現・共同テレビ相談役＝は69年に入社、技術局放送技術部の配属となったが、制作現場を志望して本社から分離されていたフジプロダクションに70年から出向した。歌番組や情報番組を経て、78年に希望していたドラマ担当となった。しかし、「TBSが力をもっていて、一流の作家はフジテレビになかなか向いてくれなかった」と振り返る。

当時、視聴率も低迷。78年当時、視聴率（ビデオリサーチ調べ、関東地区、以下同じ）は年間平均で全日（6～24時）、ゴールデンタイム（19～22時）、プライムタイム（19～23時）がともに民放キー局で3位にとどまっていた。トップはTBSが独走していた。

80年6月、会長の鹿内信隆の長男でニッポン放送副社長だった春雄（88年死去）を、フジテレビ副社長に就任させる役員人事とともに、プロダクションに分離されていた制作部門を本社に戻す組織変更が実施された。

80年5月、編成局長には**日枝久**（80）＝現・取締役相談役＝が就任。翌81年10月に始まったバラエティー番組**「オレたちひょうきん族」**やクイズ番組**「なるほど！ザ・ワールド」**は快進撃を見せた。同じ月、「母とこどものフジテレビ」に代わり打ち出されたフジテレビのコピーが「楽しくなければテレビじゃない」だった。82年には生放送のバラエティー**「笑っていいとも！」**がスタートした。85年8月には、報道局が日航機御巣鷹山墜落事故で生存者救出を生中継し、新聞協会賞を受ける快挙を果たしていた。

しかし、ドラマではTBSの後塵をまだ拝していた。21年間続くことになる**「北の国から」**が81年10月から6カ月の連続ドラマとして世に出てはいた。倉本聰が脚本を手がける「北の国から」と同じ時間帯に、TBSは山田太一脚本の**「想い出づくり。」**を編成した。視聴率では「想い出づくり。」が上回っていた。「北の国から」が上昇気流に乗ったのは「想い出づくり。」が終わった4カ月目からだった。

「北の国から」で演出を担当した山田は86年4月、倉本の脚本で念願だった青春ドラマを実現させた。しかし、高校を卒業して間もない若者がカレー屋をカナダで開くストーリーを時任三郎や陣内孝則らが演じた連続ドラマ**「ライスカレー」**は視聴率10％前後で低迷した。「期待していたティーンは視聴せず、見たのは大人だった。自分が考えているものと、テレビを見ている人はちがっていた。視聴者にもっと寄っていかなければいけない。**若い人が見てくれる番組を作るには、時代にすり寄るドラマだ**」と、山田は割り切るようになった。

次に手がけたのは、86年10月から放送されたアイドル・中山美穂主演のラブコメディー**「な・ま・い・き盛り」**だった。視聴率に手ごたえをつかんだ。

脚本家ありきではなくプロデューサー主導の時代へ

若者を引きつけるドラマを作るためには、若い感性を反映する脚本が必要だ。編成局制作室第1制作部のプロデューサーだった山田は、新人脚本家を募る**「ヤングシナリオ大賞」**を企画した。大家の作家がなかなか相手にしてくれない現状を打破するには、パートナーとなり得る脚本家を育成していこうと考えたのだった。山田は社長の**羽佐間重彰**（90）に掛け合って、総額1000万円の賞金を確保した。

86年9月に創設が決まると、1974本の応募があった。87年4月に発表された大賞は2作品だった。坂元裕二「**GIRL—LONG—SKIRT　嫌いになってもいいですか**」と、深谷仁一「**パンダ、誘拐される**」で、87年12月にドラマ化され放送された。演出は「GIRL—LONG—SKIRT　嫌いになってもいいですか」が石坂（現・宮本）理江子（55）、「パンダ、誘拐される」が大多亮だった。大多がディレクターを務めたのはこの1作だけで、プロデューサーに転じた。

受賞したとき坂元（51）は19歳。奈良でアルバイト生活をしていた。山田は東京に呼び、自宅の近くでアパート住まいをさせ、フジテレビのアシスタントディレクター（AD）にしてドラマの勉強をさせた。

制作者も若返りを進めた。ディレクターの実績を重ねたあと40歳前後になってプロデューサーになるという序列を壊すとともに、ベテランから若手へと転換する人事異動が実施された。ドラマづくりの先頭に立った山田は40代前半、主力となった大多らは30歳前後だった。

バブルの時代が訪れていた。このとき誕生したのがトレンディードラマだ。脚本家とともに、プロデューサーも若くなった。脚本家からいただいた台本を演出するのではなく、プロデューサーが脚本家に相談し注文をつけながら、作品の方向づけをしていった。**「脚本家の時代」から「プロデューサーの時代」へと、フジテレビは舵を切ろうとしていた。**

バブル期の人々の心を反映した「君の瞳をタイホする!」

チーフプロデューサーの山田とプロデューサーとなった大多が、月曜の夜9時に20代の女性をターゲットにしたドラマを担当することになる。その第1弾が88年1月の**「君の瞳をタイホする!」**だった。陣内孝則、三上博史、浅野ゆう子、柳葉敏郎が出演。渋谷・道玄坂署が舞台ながら、事件ものではなく、合コンに精を出す刑事たちのラブコメディーだった。出だしが13~14%だった視聴率は尻上がりとなり平均で17・4%を記録。山田は「大喜びでした」と振り返る。

どんなドラマを作ろうとしたのか。山田は言う。「本来、ドラマは自分の内に向かい、心に刺さっていくものだと思う。しかし、**バブル期は人の心が外に向いていた時代だった。**

外向き志向の生き方を描いたのがトレンディードラマだった」。東京のオシャレな街角で、流行のファッションをまとった働く女性たちが男性たちと出会い、恋と仕事を両立させながら幸せを求めていく――。微妙に設定を移しながら、通奏低音は変えなかった。

山田―大多コンビは、88年7月に木曜夜10時に浅野温子、浅野ゆう子主演の「**抱きしめたい！**」、88年10月には月曜9時で三上博史、麻生祐未出演の「**君が嘘をついた**」を制作した。W浅野ものと話題を呼んだ「抱きしめたい！」と、第2回ヤングシナリオ大賞を受賞した**野島伸司**（55）が脚本を手がけた「君が嘘をついた」はともに評判を呼び、視聴率も好調だった。周囲の視線もガラッと変わった。

ただ、山田と大多は後に、倉本から「お前たちが日本のドラマをダメにした」と言われた。「倉本先生は半分本気、半分冗談だった、と思います」と山田は振り返る。

第1回ヤングシナリオ大賞の坂元も89年7月の連続ドラマ「**同・級・生**」でデビューを果たす。柴門ふみ原作の「同・級・生」は中堅脚本家だった**大石静**（66）が担当することになっていた。しかし、初回の脚本は安定した語り口でドラマが始まっていた。担当していた山田は坂元にためしに書かせてみた。同世代の登場人物の描写は生き生きとし、せりふも瑞々しかった。山田は坂元の脚本を大石に見せ、「これで行こうと思う」と伝えた。大石も「わかりました」と納得する出来だった。

大多がプロデューサーを務めた89年10月の**「愛しあってるかい!」**(出演・陣内孝則、小泉今日子)は平均視聴率が22・6%に伸び、90年1月の**「世界で一番君が好き!」**(出演・浅野温子、三上博史)も平均22・0%と絶好調だった。

バブル絶頂期に変わった視聴者、純愛路線に転換

続く90年4月放送の**「恋のパラダイス」**は、トレンディードラマで育った俳優による集大成のような配役で臨んだ。浅野ゆう子、本木雅弘、鈴木保奈美、菊池桃子、石田純一が顔をそろえ、当たって当然と思われていた。

ところが、平均視聴率は14・4%に落ち込んだ。山田はバブル絶頂期に、視聴者の変化を感じた。1作品の視聴率ダウンをたまのことと楽観せず、「変わりつつある」と判

断した。大多と話し合って、すぐさま軌道修正に転じた。**浮遊感に満ちた作風のトレンディードラマの寿命は、わずか2年半だった。**半年間休んで、新たな路線に移行した。大多は「成功体験をひきずっていた僕らではなく、お客さんが変わっていた」と語った。「男女のグループではなく1対1。外向きではなく、内に刺さっていくドラマでやっていく」が、山田らが打ち出した方向性だった。

90年10月の**「すてきな片想い」**（出演・中山美穂、柳葉敏郎）は1人の女性の片思いをテーマにして、平均視聴率は21・8％に回復。武田鉄矢のせりふ「あなたが好きだから、僕は死にましぇん」が話題を呼んだ91年7月の**「101回目のプロポーズ」**は、平均23・6％に達した。

トレンディードラマの代表作と位置づけられる91年1月の**「東京ラブストーリー」**も、方針転換後に生み出された作品だった。この路線はしばらく続く。そして、バブル経済は破綻し、時代がドラマを追いかけてきた。

「やれるものならやってみろ」のチャレンジ精神

時代と共振したフジテレビのドラマで気づかされるのは、方針決定の軽快さだ。視聴率が悪ければ、路線を変えることにも躊躇しない。依頼した脚本の出来に満足できなければ、実績のない若手に切り替える。過去にとらわれることなく、その場その場で最善と思われる判断を下したことで、結果がついてきた。

92年4月に放送された月9ドラマ**「素顔のままで」**（出演・安田成美、中森明菜）は、脚本家**北川悦吏子**（56）の出世作として知られる。実は、ヤングシナリオ大賞を受賞した若手の女性脚本家が抜擢されていたが、筆が進まなかった。困った山田は、にっかつ撮影所の企画営業本部にいて以前**「世にも奇妙な物語」**を手がけた北川の存在を耳にした。「プロットを書いてくれないか」と北川に打診すると、山田の自宅に正月、ファクスで送られてきた。一読して気に入った山田は、北川に正式に脚本を依頼した。

書くはずだった若手脚本家を、当時、東京・河田町のフジテレビに山田は呼び、降板を告げた。すると、編成局の応接ソファで泣かれた。次の打ち合わせの場にいた男性脚本家からも「どうして泣きじゃくっているんですか」と聞かれた。励ますため、山田は女性脚本家を渋谷に飲みに誘った。話していると、「きょうは誕生日なんです」と言われたのを覚えている。この女性脚本家はいま、プライムタイムのドラマを担当し、第一線で活躍している。

山田は軋轢（あつれき）を恐れず、心を動かされると、決まったことも覆してきた。**「当時のフジテレビは『やれるものなら、やってみろ』と、まずチャンスが与えられ、自由にやれました。**でもダメだったら、人事異動で席を譲る。その覚悟でした」。部長、局長、取締役を経験して感じたのは、「『こうやりたい』という人間にやらせるのが一番、ということです」

持たざる者が挑戦し、時代の波をつかまえて、成功を収めるという幸福なストーリーとして、フジテレビのトレンディードラマは存在した、といえる。

時代と共振したフジ・大多亮氏の7年間

フジテレビの**大多亮**（59）が1988年、トレンディードラマの先駆けとなる**「君の瞳をタイホする！」**のプロデューサーを務めたのは29歳のときだった。

81年に入社。報道局社会部で警視庁クラブで捜査2課を担当、編成局広報部を経て、かねて志望していたドラマ制作に携われる編成局第1制作部に異動となったのは5年後だった。

脚本にも監督にも口を出す「新しいプロデューサー」の時代

1回だけ手がけたドラマの演出で、「ディレクターの才能はない」と自己判断し、プロデューサー志向を固めた。ドラマ制作陣の若返りの時期と重なり、アシスタントプロデューサーを1作経験しただけで、かつては40歳の声を聞いてなるものだったプロデューサーに就任した。

「大脚本家に玉稿をいただくのではなく、若手の脚本家にガンガン意見を言うプロデューサーに変わろうとした。トレンディードラマは出演するのは若手俳優ばかりで、一家言あるベテランもいない。自分がやりたいことができた。その結果、自然にできあがったのがトレンディードラマだった」

さらに、ディレクター（監督）の権限だった、音楽を入れる場面にも口を出すようにした。

当時、編成部主導のプロダクションに発注した**「アナウンサーぷっつん物語」**（87年4月放送）などのドラマに比べ、フジ内部で手がける局制作のドラマは実績が上がっていなかった。第1制作部は「焼け野原」と呼ばれていた。「君の瞳をタイホする！」が当たらなかったら、局制作のドラマは終わりともいわれていた。重圧のもと、プロデューサーとしての思いが実ったのか、平均視聴率17・4％と予想を上回る結果をもたらした。

脚本家だけでなく、ディレクターとも妥協しなかった。

90年10月の**「すてきな片想い」**では、共同プロデューサーだった山田が企画に回り、大多の単独プロデュースとなった。演出は入社が5年先輩の**河毛俊作**（65）だった。半年前の**「恋のパラダイス」**で都会のオシャレな恋愛の路線に頭打ちの兆しが見え、「純愛路線」に変えようとした矢先で大多には危機感があった。

トレンディードラマで何度も仕事をともにしていたが、カット割りに大多が注文をつけると、「バカヤロー」と言われた。主題歌をめぐっても対立した。河毛は洋楽にしたい意向だった。しかし、大多は主演の中山美穂による主題歌を主張。互いに譲らなかったが、プロデューサーの権限で押し切った。「このけんかで、河毛さんとは2年余り口を利けなかった」。ただ、平均視聴率は14・4％だった「恋のパラダイス」を大きく上回る21・4％だった。大多は、分水嶺を乗り越えた、と思った。

社会現象になった「東京ラブストーリー」

翌91年1月、トレンディードラマの代表作と位置づけられる柴門ふみ原作の**「東京ラブストーリー」**を制作した。第1制作部企画担当部長だった**山田良明**（71）から「タイトルがいいから、やろうか」と声をかけられていた。柴門原作の**「同・級・生」**は88年にドラマ化し、高視聴率をあげていた。

当初、主演は織田裕二ではなく、緒形直人を予定していた。織田の恋のライバルは江口洋介ではなく、本木雅弘を当て込んでいた。事情があって変えざるを得なかった配役で記憶に残る名作ができあがるのだから、ドラマはわからない。


大多は時代の流れを読み、マーケティングに力を注ぐようなことはしなかった。自分のしたいことをやるだけ。ただ、届けたい視聴者は、具体的に描く。

「東京ラブストーリー」でスタッフに伝えたのは、「東武東上線の和光市から2、3駅先の駅から歩いて7、8分、木造モルタルのアパート203号室に住む、恋に恋する24歳の女性」だった。**「20代女性」を漠然とターゲットにするより特定の1人を想定する方が、作品のリアリティーが増し、深く伝わると考えていた。**

脚本はヤングシナリオ大賞を受賞し「同・級・生」を手がけた**坂元裕二**(51)。大多はホテルに缶詰めにした坂元に「もっと泣かせられないか」と、感情移入できるせりふを要求しながら、一緒に脚本づくりをした。

前作の「すてきな片想い」で路線修正して結果は残したが、山田は確信はもてていなかった。「東京ラブストーリー」の視聴率が出る日、「家にいると怖い」と神奈川県三浦半島でやっていたイルカショーのロケに足を向けた。電話で視聴率を聞くと、20％を超えていた。みんなで喜び合ったのを覚えている。

鈴木保奈美が演じる勝ち気で明るい主人公のリカが、恋人だったカンチ（織田裕二）に「セックスしよう」と明るく言い放つシーンは、いまも語り継がれている。「月曜の夜9時に銀座からOLが消えた」と雑誌に書かれたという伝説ができるほどの社会現象となった。こだわった小田和正の主題歌「ラブ・ストーリーは突然に」もミリオンセラーとなった。11回放送の10回目の視聴率は29・3％を記録した。

カンチの故郷・愛媛を舞台にした最終回、リカはカンチと駅で約束した時間より早く電車に乗り、柵に結びつけられたハンカチには「バイバイ、カンチ」と口紅で書かれていた。やせ我慢して電車に乗ったリカから涙があふれ出す……。クライマックスに向かうなか、カンチが走りリカが去った駅に着くまで、視聴率が上がっていく「カチカチカチ」という音を、大多は聞いた気がした。視聴率は32・3％に達した。

「101回目のプロポーズ」「ひとつ屋根の下」……手がけるドラマが次々ヒット

半年後の91年7月には**「101回目のプロポーズ」**を手がけた。トレンディーな俳優ぞろいの配役を切り替え、脚本の**野島伸司**（55）の「美女と野獣で」というアイデアに乗った。常連の浅野温子の相手役には武田鉄矢を起用した。愛する男性が亡くなった過去をひきずる浅野と見合いしながら何度もプロポーズを断られる武田が、トラックの前に飛び込んで行って、「僕は死にましぇん」と叫ぶシーンは強烈な印象を与えた。耳に残るCHAGE&ASKAの主題歌「SAY　YES」も大ヒットし、浅野がウェディングドレス姿で工事現場に走ってくる最終回の視聴率は36・7％だった。

92年1月から木曜夜10時に放送された**「愛という名のもとに」**は、大学の元同級生7人の恋愛模様に、バブル崩壊の刻印が深く刻まれていた。大学を卒業して間もない若者の群像を描いた85年の米映画「セント・エルモス・ファイアー」と、5人きょうだいの青春を描いた66年のフジテレビドラマ「若者たち」を意識して制作されたという。

脚本の野島とともに思い入れがあった浜田省吾の主題歌「悲しみは雪のように」は、従来のトレンディードラマとはちがう空気を醸し出した。証券会社に就職したが、営業成績が上がらず客から預かった金を女性に貢いだ末に自殺する男性社員の描写には、証券業界から「イメージが悪くなる」と抗議があった。注目度の高さを反映してか、最終回の視聴率は32・6%となった。

自分はおもしろいと思わないのに視聴率が取れるジレンマ

91年の「東京ラブストーリー」「101回目のプロポーズ」、92年の「愛という名のもとに」に続き、93年4月からの**「ひとつ屋根の下」**（37・8%）、94年10月からの「妹よ」（30・7%）と、4年連続で視聴率30%超えを達成した。

しかし、93年ごろから不思議な感覚にとらわれるようになった。**「自分がおもしろくな**

いのに、なぜ、数字が取れるんだ」。視聴率を稼ぐための何度も使った手口によって、成果は出た。しかし、自分の中では新味はない。これで視聴率が取れるのか。足元が崩壊するような気がした。

95年7月、編成部副部長に異動した。昇進を喜んだというわけではなかった。苦しみから解放されることに、「ラッキー」と感じた。

自らの感覚を頼りに、移り気な視聴者の心をつかみ続けるのは至難の業だ。ふだん、特別なことをするわけではない。電車に乗って自然に目に入る光景に心留めることがある。身の回りで起きる出来事が、ヒントになる。そうして、88年にトレンディードラマを始めてから7年間、時代とのシンクロを重ねてきた。

大多は言う。「**トレンディードラマは表面だけ見ると都会の最先端ふうですが、東京・下町生まれの僕が好きな落語に似た泣けるわびさびの世界。**『東京ラブストーリー』も『101回目のプロポーズ』もそうです。中身は一緒でも、包装紙を毎回替えて伝えていくような作業かな」

キャスティング優先、当て書きの脚本……プロデューサー強権の功罪

大多は自らが切り開いた「プロデューサーの時代」について、その功罪を感じている。ヒットプロデューサーの感性が時代に合ったときはヒット作が連発する。しかし、その期間も長くて3年から5年ほど。ただその間は高視聴率番組が量産される。

その半面、キャスティングが優先され、脚本家がその俳優を当て書きし、俳優が得意のキャラクターを存分に生かすという現象が生まれた。人気俳優の配役が優先され、似たような番組が多くなった。プロデューサーの顔色を見て書く脚本家が増えた、と思う。**時代を意識し視聴者に寄り添う傾向が強まることで、ディレクターが自らの世界観を問うような作品が減ってしまったのではないか。**

「プロデューサーとして視聴率は稼いだけど、テレビの賞は取ったことがない。ただ、いま存在しないものを作っていかないとヒットメーカーとは言えない、という思いでドラマづくりをしてきた」

01年にはドラマ制作センター室長に戻った。03年10月には「白い巨塔」の制作統括として関わった。ドラマ制作担当局長を務めたあとは、デジタルコンテンツ局長としてネット配信に切り込んでいった。

18年6月には、総合事業を担当する常務として、ドイツの公共放送ZDFの子会社ZDFエンタープライズと共同制作する連続ドラマ「The Window」の企画・制作を発表した。ロンドンを舞台にした国際サッカービジネスの愛憎劇を描き19年に完成予定の作品に、「新たな動画配信テクノロジーの到来によって、連続ドラマの市場は、過去に類のない国境を越えた黄金時代を迎えている」とコメントした。

フジテレビ「月9」という神話

「東京ラブストーリー」や「101回目のプロポーズ」の大ヒットで、月曜の夜9時からフジテレビで放送されるドラマは**「月9」**という呼び名が定着していった。恋愛ドラマの象徴と見られる放送枠の名称は、いまも変わっていない。

1993年10月放送の月9で**「あすなろ白書」**のプロデューサーを務めたのが**亀山千広**(62)＝現・BSフジ社長＝だ。

当時、フジテレビでは30％の高視聴率を取るドラマが珍しくはなかった。亀山はその数字を獲得した制作者が加入できる「30％クラブ」というものを耳にした。本当に存在するのかどうか定かではなかった。ただ、30％の視聴率をたたき出したことのない亀山にとって、月9の担当はプレッシャーでもあった。

亀山は80年に入社し、番組の企画や配置を担う編成局編成部に配属された。83年に公開され大当たりした映画**「南極物語」**では、越冬隊員と再会する樺太犬のタロ、ジロの世話係だった。ドラマには制作会社に発注する担当者として**「アナウンサーぷっつん物語」**（87年4月放送）や**「教師びんびん物語」**（88年4月放送）、2時間ドラマに関わった。同じ編成局ながらドラマ制作を手がける第1制作部には90年7月に移った。

TBSのように俳優の日程を押さえ、リハーサルにも本番にもじっくり時間をかける環境がフジテレビにないことはわかっていた。ドラマに出演する多忙なアイドルは、その場で台本を読んで撮影に臨んだ。亀山自身は「舞台をつくっているわけではないので、せりふに出演者のキャラクターが合っていれば、それがリアリティーじゃないの」と思っていた。

木村拓哉と筒井道隆の役柄を入れ替えた「あすなろ白書」

ディレクターを一度も経験することなしに、91年1月、木曜10時のドラマ**「結婚の理想と現実」**（出演・中村雅俊、田中美佐子）でプロデューサーになった。「恋愛至上主義の大河ドラマ」と敬遠していた月9で、「あすなろ白書」を担当することになったのは、編成部長になっていた**山田良明**（71）＝現・共同テレビ相談役＝から「原作を読んでみろ」と勧められたからだった。

柴門ふみ（61）の漫画原作ドラマは「同・級・生」「東京ラブストーリー」と月9いずれも人気を集め、三部作として期待された。亀山はテレビをあまり見ない大学生を主人公とする設定だったため、大学生予備軍の中高生とかつて学生だったOL向けの作品にしようと考えた。脚本は編成部の後輩、**石原隆**（57）＝現・フジテレビ取締役＝から「北川悦吏子さんはどうですか」と紹介された。起用した北川から送られてきた30枚のほとんどは原作以降の話で、オリジナルのようだった。「迷ったら原作に戻って進めればいい」と決断した。

NHKの朝ドラ**「ひらり」**（92年10月放送）で好演した石田ひかりのほか、筒井道隆、SMAPの木村拓哉らを配役した。**撮影に入る前、亀山は筒井、木村と食事をしたとき、2人から「役を交換してもらえませんか」と提案された。**気のいい青年役が多かった筒井がミステリアスな人物を、クールに見られがちな木村が人なつっこい役柄への変更を、2人で話し合ったうえ望んだのだった。異例の申し入れだったが、亀山は2人の気持ちがわかる気がして、「あしたまで、事務所には言わないで」と言って、要望に沿ったキャストを実現させた。

大学を借りると時間の制約があるので、オープンセットを造って映画方式をとった。階段教室を下りていくとドラマが始まるといった形式で、移動カメラとともに視聴者の関心を引きつけるようにした。青春ラブストーリーだったが、配役についても石田ひかり以外はさほど知名度は高くない、新鮮な顔ぶれで挑んだ。平均視聴率は27％、最終回は30％を超えた。亀山は「楽しんで作って結構、数字も取れたドラマでした」。

せりふに「好き」を使わないラブストーリー「ロングバケーション」

亀山が木村を主役にして、北川による脚本でプロデューサーを務めた月9が**「ロングバケーション」**（96年4月放送）だった。そのとき、亀山は北川に条件をひとつ出した。「『好き』というせりふが1回もなしに恋愛ドラマが成立するか、やってみようぜ」

売れっ子とはいえないピアニストの木村と、仕事がこなくなったモデルの山口智子の2

人のどちらかが半分以上、登場する作品。2人が魅力的に映っていれば、あとはシチュエーションだと、舞台となる住まいを探した。東京都墨田区の運河沿いにあった、地上げにかかり大阪の信用金庫の抵当に入っていたしゃれた空き家の建物がたまたま見つかり、3カ月借りられることになった。ニューヨーク・ブルックリンをほうふつとさせるような、打ちっぱなしの煉瓦づくりの外階段がついた家を、2人がシェアする設定にした。この建物は取り壊され、いまはマンションになっている。

バブルがはじけ、不況の色合いが深まっていた。2人の立場も、こうした時代を反映していた。

亀山の狙いは当たり、初回から視聴率は30・6%を記録した。最終回では瞬間最高視聴率が43・8%に達した。亀山は**「最後のトレンディードラマだったかもしれない」**と位置づけている。

「踊る大捜査線」でトレンディードラマと決別

そして、97年1月からは火曜9時のドラマ**「踊る大捜査線」**(出演・織田裕二、柳葉敏郎)

の制作を手がける。女性の視聴者が見ないドラマだと思っていた。ただ、当初は青島刑事役の織田と事件の遺族である水野美紀、警察庁キャリア官僚・室井を演じる柳葉と所轄の女性刑事である深津絵里がそれぞれ恋に落ちるような設定が考えられていた。

しかし、第1話を終えたあと、4話以降の脚本を変更し、恋愛路線を取りやめることにした。亀山の頭には「トレンディードラマはもう終わった」という感覚があった。「14～15％の視聴率が取れればいい」という気楽さも手伝った。「恋愛ドラマ続きだった俳優たちが、脚本の変更を喜び、生き生きと演じていた」という記憶が亀山に強く残っている。**トレンディードラマとの決別が、「踊る大捜査線」の新たなファンをつくり、強い存在感を打ち出すことになる。**視聴率も最終回で20％を超え、多くのファンの心をとらえた。

当時、大蔵（現・財務）省幹部への過剰接待や薬害エイズ事件での厚生省幹部の逮捕、前厚生事務次官の収賄容疑での逮捕が相次ぎ、高級官僚への不信が募っていた。官僚バッシングを意識しつつ、青島刑事役の織田が、国家公務員として真剣に考えるキャリア官僚を演じる柳葉に「国をよくしてください」とエールを送る場面は、図らずも現実を映し出していた。

視聴者は刑事もののドラマとしてではなく、警察署ものとして組織を描く作品として見ていた、という。亀山は「組織論」の取材をしばしば受けた。

97年7月からの月9**「ビーチボーイズ」**（出演・反町隆史、竹野内豊）は恋愛を取り上げなかったが、平均視聴率23％のヒット作となった。

「自分が厄年のときで、一番好き勝手にやっていました。人生のピークでしたね」と振り返る。

98年に映画化した**「踊る大捜査線　THE　MOVIE」**は観客動員650万人超、興行収入101億円の大ヒットを果たした。2003年には**「踊る大捜査線　THE　MOVIE　2　レインボーブリッジを封鎖せよ！」**は興行収入が173・5億円と邦画実写版の記録を更新した。

視聴率三冠王奪還を期待されトップに

こうした実績が評価され、99年に編成部長、2001年に編成制作局長、03年に映画事業局長にそれぞれ就任。08年に取締役となり、13年には常務から社長に昇格した。57歳でトップに立った。

全日、ゴールデンタイム、プライムタイムという三つの時間帯で視聴率トップに立てば「三冠王」と呼ばれる。フジテレビは82年から93年まで三冠王に輝いたあと、94年から03年まで日本テレビが三冠を制した。その後、フジテレビが04年から10年まで三冠王を奪還する、という推移をたどった。

三冠の座が11年に日本テレビに再び移り、12年は日本テレビ二冠とテレビ朝日一冠になっていた。視聴率争いで優位に立った日本テレビに対する巻き返しが、亀山には期待された。

82年10月から始まった**「笑っていいとも！」**を14年3月に終了させたほか、16年に東海テレビ制作の昼の帯ドラマを打ち切って生放送の情報番組を増やした。しかし、ヒットがなかなか生まれず、目に見える成果を生み出せなかった。

視聴率は回復せず、民放キー5局のうち4位と近年にない順位にまで落ち込んでしまった。14年以降、日本テレビが4年連続で三冠王と圧倒している。営業面でも打撃を受け、5期連続で減収減益と、後退に歯止めをかけられなかった。

17年、在任4年で社長を退任、BSフジ社長に転じた。『踊る大捜査線』のときは管理職でもなく、プロデューサーとして青島と室井をつなぐような中途半端なポジションにいた。そのあと編成局長やれ、何やれとガーッとそっちにいって。そこで、書かれていたことが絵空事とわかるわけですが……」

いまは経営者になった亀山に、自身がプロデューサーだったころとの番組の比較をしてもらった。

「山田太一さんの脚本のドラマとか、石井ふく子プロデューサーの作品とか、作り手のにおいが出ていたと思うんです。そうした個性が番組の大前提にあるんじゃないか。例えば、『警部補・古畑任三郎』の田村正和さんはすごいけれど、出ている役者が番組を凌駕するのではなく、脚本の三谷幸喜さん、プロデューサー石原隆、演出河野圭太の組み合わせで、あのせりふ回しの古畑を作り上げたと思うんです。定番になれば、古畑任三郎というキャラクターが闊歩してくる。そうなると、作り手側もこの古畑はこう動かない、こう動かせばおもしろいだろう、となるわけですよ。

あの当時、お客さんはプロデューサーやディレクターのにおいを吸い込まされていたと思うんです。いまは、なんか作り手の個性がないという気がしてならないんですよ。うちはとくに。テレビ朝日やテレビ東京の深夜番組はにおいがプンプンしていて、それが実は当たるわけじゃないですか。そこから出てきた役者さんやキャラクターが一世を風靡していくというのでないと、ドラマはダメじゃないかという気がするんですよ」

月9不要論も。変化を迫られるフジテレビ

月9は16年以降、平均視聴率が10％を切ることが多くなった。過去最低の更新が続き、18年1月放送の**「海月姫」**（出演・芳根京子、瀬戸康史）では6・1％と歴代で最も低い記録となった。

18年7月放送の**「絶対零度～未然犯罪潜入捜査～」**は初回視聴率が1年ぶりに二ケタを超え第3話以降も10％以上を保ち、上向きとなった。

ただ、トレンディードラマを立ち上げて推し進めた山田良明は18年6月にインタビューした際、次のような厳しい見方を示した。**「イケイケの時代が似合うフジテレビがどうい**

うふうに変わったらいいのか、フジテレビの新しいデザインが必要です。月9は要らない、と思いますよ。1回消した方がいい。何曜日の何時にどういうものを作るか、考えた方がいい。タイムテーブルの問題というより、ドラマの見られ方が変わってきています。新しいデザインを見せないと、時代に合わなくなってしまう」

7月に公開された映画「劇場版コード・ブルー　ドクターヘリ緊急救命」は、テレビドラマで描いた登場人物の関係を掘り下げた迫力のある映像で興行収入90億円に達する大ヒットとなった。ドラマでも見られるフジテレビの巻き返しの兆しが本物かどうか、フジテレビ関係者は固唾をのんで見守っている。

「北の国から」が続いた秘訣と終わった理由

「もう二度と富良野に来ることはないよな」

フジテレビのドラマ**「北の国から」**を撮り終えたロケ地を後にするバスの中で、演出の**杉田成道**（74）＝現・日本映画放送社長＝と**山田良明**（71）＝現・共同テレビ相談役＝は話し合っていた。1981年10月、初回の放送を現地で見て打ち上げを終えたあと引き揚げるときだった。四季の自然の撮影を始めて1年余り、厳しかった寒さを乗り越え、安堵の気持ちに包まれていた。もともとは半年間の予定の連続ドラマだった。2人とも、まさか21年もこのドラマが続くとは想像もしていなかった。

予算は通常の倍、社運をかけたドラマ「北の国から」

競争を活発にするという理由で、フジテレビでは71年に制作局を廃止し、社内に複数のプロダクションが設けられて社員は出向や転属となった。しかし、思った効果は上げられず、80年春にプロダクションは廃止され、出向社員とプロパー社員の３００人余りがフジテレビに吸収され、「第2の開局」とも呼ばれた。

ニッポン放送副社長だった**鹿内春雄**（88年死去）が副社長に就任、テレビ新広島副社長の**村上七郎**（２００７年死去）が編成担当の専務に復帰した。村上は「テレビ局の顔になる社運をかけるドラマを」と指示した。

フジテレビ関係者によると、編成部にいた**白川文造**（82）が旧知の脚本家**倉本聰**（83）と以前交わした、「大草原の小さな家」のようなドラマをやりたい、という話が急浮上。倉本からは北海道・富良野を舞台にした企画書が送られてきた。東京から故郷の北海道に戻った男が、電気も水道もない暮らしを知らない子どもたちとともに、自然と同化するような生活を始める設定だった。**東京から富良野に拠点を移した倉本が示した「東京中央集権主義」に対するアンチテーゼだった。**

ドラマを一緒に手がけたことがある**中村敏夫**（15年死去）が奔走し、プロデューサーとして「北の国から」の実現にこぎつける。村上はロケ地の富良野を激励に訪れるほどの力の入れようだった。

半年の予定で始まった「北の国から」は81年10月の初回こそ視聴率は好調だった。しかし､同じ時間帯に放送された山田太一脚本のTBSのドラマ「想い出づくり。」が強力で､「北の国から」は作品の評価は良かったものの視聴率は落ちていった。「誰か責任を取らなければいけないのではないか」というささやきが交わされた。

しかし、12月に「想い出づくり。」が終わり、翌1月に主人公の黒板五郎（田中邦衛）の妻（いしだあゆみ）が子どもたちと富良野に別れに来た回で視聴率が跳ね上がった。

制作予算がもともと通常の2倍以上に組まれていた。途中まで視聴率の成果が出なかったことで、社内の経理部門などから不満の声が出ていたという。しかし、3月の最終回で20%を超える視聴率を記録し、「大成功」と位置づけられた。視聴者からの反響も高く、当初の予算を上回った制作費への批判もかき消された。ただ、予算を管理するプロデューサーの中村は心労で胃を患い、2度入院した。

続編も好調、フジテレビを代表するドラマに

好評を受け、倉本は同じ配役による連続ドラマの続編の意向を示した。しかし、長期ロケとなると子役が学校での進級が難しくなることもあり、長期休暇に撮影する単発のスペシャルドラマを毎年1回程度続けることになった。当初は2年ほどの見込みだったという。

脚本づくりでは、放送する1年半ほど前に倉本と杉田、山田ら演出陣が富良野で話し合い、骨格を決めていく。登場人物にどんな出来事が起こり、子どもたちはどう成長していくか。前回の放送のあとの履歴と成育史を語り合う。

続編を手がけるときに、倉本の口から出たのが「家族のドキュメントをやらないか」という提案だった。息子の純（吉岡秀隆）と娘の蛍（中嶋朋子）の成長を追いたいので、「10年を視野にやれないか」という発言もあった。杉田も「おもしろい。テレビでなければできない」と賛同した。倉本のライフワークとなるドラマが形づくられていった。

そして、**「'83冬」**（83年3月放送）、**「'84夏」**（84年9月放送）、**「'87初恋」**（87年3月放送）が作られた。視聴率は毎回20％を上回り、フジテレビを代表するドラマとして定着した。

五郎の借金、自宅の火事、純の初恋と東京への旅立ちと、起伏のある日々が描かれた。

一段と注目を集めたのは、純の東京での生活と看護学校に入った蛍に焦点を当てた**「'89帰郷」**（89年3月放送）だった。視聴率が33・3％と、初めて30％を超えた。「'87初恋」のビデオが発売され、若い層にレンタルで浸透したのが大きかったのでは、と杉田は分析する。**従来は40歳以上の女性が視聴者の中心だったのが、純と同年代の若者が関心を寄せ、世代の幅が広がった。**とんねるずがバラエティー番組で五郎のモノマネをしたことも後押しになったという。

営業面でも「北の国から」のブランドは絶大だった。20年余り、8社のスポンサー枠のうち4社は変わらなかった。残り4社には、放送の前年から提供を希望する企業が殺到した。

杉田によると、制作費は1時間あたり1億円を超えていた。2002年に最後に放送された前後編の制作費は計7億円だった。ただ、営業収入として実際にあった売り上げは十数億円に達したという。杉田は「社内の編成予算としては赤字の時期もあったのですが、

ＤＶＤの売上高を含めるとトータルでは黒字だったと思います。営業サイドでは続行を望む声が強かった」と言う。

「一生、黒板純でいたくない」と吉岡秀隆

「'92巣立ち」（前後編、92年5月放送）、**「'95秘密」**（95年6月放送）、**「'98時代」**（前後編、98年7月放送）を経て、**「２００２遺言」**（前後編、02年9月放送）で幕を閉じることになった。純や蛍の恋や別れを追い、子どもの苦境を受け止める五郎の姿にも老いが忍び寄る。

「２００２遺言」で終止符を打つ要因として最も大きかったのは、純を演じる吉岡の意向だったという。編成部長などを務めながら脚本づくりにはずっと参加してきた山田良明は「吉岡君は『役者として一生、黒板純ではいたくない。吉岡秀隆でやりたい』という気持ちだった。11歳で出演し始め、大人になっていく17、18歳ごろから卒業したいという意向はあったんじゃないでしょうか。『２００２遺言』では、これで最後ですよね、と言っていた」と話す。

では、蛍を中心に描けるかというと、蛍と結婚した正吉役の中澤佳仁の本業は壁紙を貼

る仕事で仲間と一緒に独立しており、「勘弁してください」という反応だった。山田は「私も作れるものなら作りたいし、倉本さんも続けたい意欲は強かった。しかし、現実的には無理だった」。

杉田も「出演者の中でも、地井武男さんら出演者やスタッフで亡くなる人が出てきた。田中邦衛さんの体調の問題もあった。出演者が同じスタッフでないとやりたくない、という気持ちが大きかった。私自身は、五郎の生き方のバトンが純に渡ったら終わりだと思っていた」と語る。監督の杉田は終焉の予感を感じていたのか、最後の2、3作のエンディングは回想のシーンが多かった。

東京へ移った地方出身者が熱心に見た？

前後編で5時間35分の放送となった「2002遺言」の視聴率は前編が38・4％、後編が33・6％とシリーズで最高を記録した。杉田は「放送が終わると、封書は2000通近く、ハガキが10万通くらい来るんですよ。**あのシーンがよかったというような感想記じゃなく、ほとんどが自分の人生を語っているんですよ。**自分が東京に出てきたときは、こういうことがあった」と書いている。

「北の国から」が国民的ドラマになった証左といえる視聴者の反響だった。若者を席巻したトレンディードラマとともに、フジテレビのドラマの両輪となり、看板番組となった。

「北の国から」の舞台となった黒板家を取り巻く環境は一般的なものではない。北海道で撮影された厳しい寒さや雪に向き合う姿が、なぜ視聴者を引きつけたのか。

杉田は「80年代、視聴者は文明に疲れてきたような感じがあった。その反動としての自然志向があったように思う。ハーブなどナチュラルなものが好まれ出した。画面に映し出される富良野の自然がもつ吸引力も大きかった。いまは都会に住む地方出身者が熱心に見てくれたように感じる」と分析する。


家族のありようも21年間で大きく変わった。「核家族が広がって、いろんな歪みが出てきた。離婚も非常に増えた。そういう時代の空気は感じていた。81年の最初の連続ドラマで、離婚した父親が子どもを連れて故郷に帰るという設定はとんでもない、という受け止め方があった。しかし、そうしたこともあり得る、というふうに徐々に変わっていったように思う」と、杉田は振り返る。

茶の間で家族そろって見るホームドラマは、テレビの大きな柱であり、王道だった。しかし、各部屋にテレビが置かれ、家族全員で一緒に視聴するというスタイルは減っていった。食事のときも、共通の話題はない。

何世代も同じ軒の下に住むのはダサい、しゃれたマンションで暮らし外食するのが理想の、絵に描いたような家族といったライフスタイルが都会では主流になっていく。テレビではこうした東京の生活を取り上げてきた。その延長線上に、互いに価値観を認め合い干渉しない家族が生まれ、自由な生き方が出現しつつあるのではないか、という思いが、杉田にはある。

このような時代を反映して作られたドラマと感じたのが、日本テレビで10年4月から放送された「Ｍｏｔｈｅｒ」だった。女は女の生活があり、自分の生活を殺してまで母として生きていくことはない、となる。その結果、離婚となるが、娘や息子の自我を大切にする。こうして昔ながらの家族の形が解消されていく。

倉本が脚本で要求する徹底したリアリズムを受けて立ち、映像にしてきた杉田は氷点下

20度以下の現場で撮影した。倉本が主張する「東京のまやかし」に寄り添いながら、反時代的ともいえる黒板一家を描き続けた杉田は、現代の家族のあり方を最も深く考え続けた演出家だったかもしれない。

新しい家族像を描いた「Ｍｏｔｈｅｒ」「Ｗｏｍａｎ」と「逃げ恥」

家族の幻想を打ち砕いた平成時代のドラマとして指をまず屈するのは、日本テレビで２０１０年４月から放送された「Ｍｏｔｈｅｒ」だ。母親（尾野真千子）とその恋人に虐待された末、ゴミ袋に入れられ捨てられる少女（芦田愛菜）の描写には心が震えた。少女を助けた担任の小学校女性教諭（松雪泰子）は一緒に逃亡する選択をする。

現代の悲劇を描くことにこだわった「Ｍｏｔｈｅｒ」

演出した**水田伸生**（60）＝現・日本テレビ執行役員情報・制作局専門局長＝は「悲劇を描きたい」と心に決めていた。**「虐待を描くのではなく、人を救うことが法に問われ、罰を受けることになる悲劇性がテーマ」**と考えていた。

子どもに対する虐待は重大な社会問題だが、テレビで家族そろって見られるのか。水田の意図をくんだプロデューサーは企画を検討する社内の会議で、「日本中の家族がもらい泣きするドラマです」と説明し、認められた。悲劇の「ひ」の字も触れないことで、「Mother」の制作が実現した。

7歳に設定された子役はオーディションで選ぶことになった。7歳の役だと普通8～10歳の子を選ぶことが多い。プロデューサーが以前のドラマで知り合った事務所のスタッフが連れてきた芦田は当時5歳だった。しかし、200人の参加者の中から1次と2次の選考を通り、最終選考まで残った。水田は「兵庫県出身の芦田は言葉になまりがあり、経験がなかった。環境が変わるなか、4カ月の撮影に体力が持つのか、という懸念する声もあった」と言う。脚本の**坂元裕二**（51）が「圧倒的にいい」と推したこともあり、芦田の配役が決まった。

撮影が始まると、水田は驚かされる。頭は良く意欲もあったが、オーディションのときは感性が開かれていない、と感じていた。ところが、カメラが回ると、感情があふれ、演技で涙を流せるようになっていた。

初回、芦田と松雪の逃避行の場面は、雪に反射する光にこだわった。虐待の深刻なシーンを、映像美で補おうという思いだった。未来に対する明るさと受け止められたのか、視聴者からの反響は想像を超えてよかった。視聴率も11・８％とまずまずだった。

水田が**「東京ラブストーリー」**で脚光を集めた坂元に注目したのは、07年４月からフジテレビで放送されたドラマ**「わたしたちの教科書」**（出演・菅野美穂、伊藤淳史）だった。中学校の校舎から転落死する女子生徒がいじめを苦にしたのではないかと自殺の真相を探る法廷劇に、「作風を大きく変えたのでは」と着目した。

テレビドラマが単なる娯楽ではもったいない、メディアが果たす使命があるのではないか、という問題提起とアジテーションを感じていた。物事の切り取り方が独特で、これまでに出会ったことのない脚本家と感じた。坂元なら単純な告発ではなく、誘拐してでも少女を救おうとする人間を掘り下げてくれるはず、と脚本を依頼することにしたのだった。「Ｍｏｔｈｅｒ」では悲劇をつくろうという判断で、坂元と水田は一致した。

虐待の事実を児童相談所に通告することが本当に解決策といえるのか。虐待された子どもを親から引き離す「誘拐」は法律が妨げているかもしれないが、救いになるのかもしれない。そうした思いを間接話法として提示したのが「Ｍｏｔｈｅｒ」だった、と水田は言っている。当然、みんなが幸せになるハッピーエンドは考えていなかった。だから、悲劇をつくろうと決めたのだ。

最終回の視聴率は16・３％を記録した。当初は数字を期待していなかった日本テレビから、水田は「次をやってもいい」というお墨付きを得た。

貧しさのリアリティーを正面からとらえた「Ｗｏｍａｎ」

そして、水田がやはり坂元と組んで手がけたのが、13年7月から放送された連続ドラマ「Ｗｏｍａｎ」だった。

夫が事故死した女性（満島ひかり）が2人の子どもを独りで育てながら、病気になり生活に困窮しながら暮らしに喜びを見いだそうとする日々を描いた。シングルマザーの厳しさに加え、幼いときに父と自分を捨てた母との確執も抱える。

08年のリーマン・ショックを経て、生活保護の受給世帯は増え続けた。水田は、「Ｗｏ

man」で貧しさのリアリティーを正面からとらえようとした。ファンタジーはもたない方がいい、と考えた。子どものふるまいひとつにもこだわった。ただ、それゆえギリギリの表現をするのではなく、少し食い足りないくらいの編集に抑えたという。

この番組でもポイントとなった子役の1人を、水田はこの年のNHKの大河ドラマ**「八重の桜」**で発見した。初回、主人公の幼少期を演じた鈴木梨央の演技を見て、所属事務所の社長にすぐ電話し、「スケジュールを空けておいて」と頼んだ。鈴木の表現はレッスンを受けて身につくものではない、抜きんでた力を感じたからだった。

「Woman」では懸命に子育てをする母親を描きながら、「子どもがいるから幸せなのか」という問いかけもしている。脚本の坂元は「幸せを子どもに置きかえるのは許せない」と主張したという。親子の関係が中心となるホームドラマから外れかねない考えともいえた。水田は「子どもは幸せの一部かもしれないが、すべてではない」という考えをもとに演出した。最終回の視聴率は16・4%と、「Mother」とほぼ一緒だった。

このころ、高度成長の昭和の空気をひきずるドラマの表現はとても古くさいものに感じたと、水田は振り返る。

二つの作品は海外でも注目を集めた。「Ｍｏｔｈｅｒ」は16年、「Ｗｏｍａｎ」は17年にトルコでリメイクされ、高視聴率をあげたという。ともにアレンジして番組本数を増やした。トルコはテレビ番組の有力輸出国でもあり、「Ｍｏｔｈｅｒ」と「Ｗｏｍａｎ」は周辺国などに広く輸出された。水田が表現しようとした「悲劇」が、国境を越えた視聴者の琴線に触れたのだ。女性の社会進出に動き出しているトルコの社会情勢も影響した、と見られている。

多様な人生を描いた「逃げるは恥だが役に立つ」

新しい結婚や家族のあり方をコミカルに提起して話題をさらったのは、TBSが16年10月から放送した連続ドラマ「逃げるは恥だが役に立つ」だった。

大学院卒ながら派遣切りに遭い家事代行のアルバイトをするみくり（新垣結衣）は、雇用主の津崎（星野源）に契約結婚を提案する。みくりのおば（石田ゆり子）は男性と付き合ったことがなく独身、津崎の勤務先の同僚にはゲイがいる。型にはまった人間関係でない配役が共感を集めた。

「逃げ恥」のプロデューサーを務めた**那須田淳**（55）＝現・TBSホールディングスグループデザイン局担当局長＝は「**人生の選択はたくさんあってどの選択でも間違いはなく、多様な人生を肯定するということが番組のテーマでした。**極端な生き方も間違っていない、と受け取ってもらえれば、と考えていました」と話す。

現代的なメッセージ性をもった「逃げ恥」はホームドラマとして制作された。那須田は「ホームドラマは身近なことに気づいてもらい、そこに自分自身の楽しみを見つけていくことを肯定できます。日常をポジティブに生きて、次の日に元気になれる作品が可能です。原作の漫画を読んだとき、ホームドラマにできる、と感じたのです」と言う。大事件が起こるわけではないが、絶妙な会話で作品を見せるTBSらしさを発揮したドラマでもあった。

放送枠の火曜夜9時は、女性視聴者をターゲットにしてきた。「学校で勉強や部活で頑張った人、会社で一生懸命に仕事をした人、自宅で家事に勤しんでいる人、それぞれにとって、一日の最後に、自分のごほうびになるようなドラマを、というのが基本です。番組の最後に流した『恋ダンス』もそうした楽しみになれば、と企画しました」

1988年に入社した那須田は報道志望だったが、最初に配属されたドラマ畑を長く歩んできた。石井ふく子、柳井満、八木康夫らが手がける作品に代表されるTBSのホームドラマだが、様々な切り口があった、と分析している。

みくりと津崎が契約結婚しているという秘密を共有する設定は、子持ち男性との結婚を内緒にする87年の**「ママはアイドル!」**(出演・中山美穂)と重なるラブコメディーといえる。ドラマ作りを続けるなかで那須田がずっと心がけたのは、自分が好きな題材をおもしろくすることであり、目標は先輩の作品に近づけることではなかった。

大学院を出ても働き先に困る就活事情や、彼女いない歴が人生と重なる男性といった、いまどきの若者の現状が「逃げ恥」に盛り込まれている。軸となる2人は、以前ともに仕事をしてよく知る俳優を起用した。新垣は映画「**恋空**」(07年)以来、**「パパとムスメの7日間」**(同)、映画**「ハナミズキ」**(10年)、**「麒麟の翼」**(11年)、**「空飛ぶ広報室」**(13年)、**「S**

―最後の警官」（14年、映画版15年）など多数のドラマや映画で、星野はドラマ**「コウノドリ」**（15年）で一緒だった。若者から幅広い人気があることが配役の後押しとなった。原作のおもしろさを最大限に引き出した野木亜紀子の脚本の力も大きかった。

初回10・2％だった「逃げ恥」の視聴率は一度も落ちることがなく、押し上げたのはSNSの力もあった。最終回は20・８％に達した。

那須田自身は使わないものの、楽しみについて回るＳＮＳの重要さは認識していた。テレビはいろんな世代が居間でくつろぎながら見るのが基本だが、ＳＮＳはツールごとに利用する年代が異なる。フェイスブックは大人が多く、ツイッターは若者層が中心、インスタグラムが最も若い層にまで浸透している。それぞれの世代が興味をもってくれるように内容を区別して種類ごとに、それぞれに発信するよう、若いスタッフに指示した。

「恋ダンス」を考案したのも、ＳＮＳで拡散されるのでは、という思惑があったからだ。楽しいものでないと、拡大するのは難しい、と考えていた。フォロワーは予想を超えて増え、「逃げ恥」は社会現象になった。平成時代のスピード感を見せつけた広がりだった。

身寄りがなく心に傷をもつ少女を主人公にした18年1月の日本テレビのドラマ「ａｎｏｎｅ」で、演出・水田と脚本・坂元は再びコンビを組んだ。最終回の視聴率は5・6％にとどまった。連続ドラマが終わった3月、坂元は自身のインスタグラムで「４年連続で１月期の連ドラを書きました。来年の１月はありません。これにてちょっと連ドラはお休みにします。４年前にそれを決めて、周囲にも話して、ずっと今日を目指してきました」と記した。

水田は「タイムシフト視聴を含まない世帯視聴率だけで評価されることに、坂元さんは疑問をもっているようだ」と話した。

TBSに勢いを与えたドラマ「JIN」

「報道機関が存立できる最大のベースは信頼性、とくに視聴者との信頼性だ。その意味で、TBSは今夜、きょう、死んだに等しいと思う」。1996年3月25日夜、「NEWS23」の冒頭でキャスター**筑紫哲也**（2008年死去）は言った。オウム真理教幹部らが実行した坂本堤弁護士一家殺害事件で、TBSは否定してきた坂本弁護士インタビューのビデオテープをオウム真理教に見せたことを一転して認めた日だった。

老舗放送局の信頼失墜と視聴率低迷

始まりは95年10月19日昼の日本テレビによる報道だった。「TBSで坂本弁護士のVTRを見たと早川紀代秀被告が供述」とニュースで伝えた。TBSはこの日夕のニュースで「見せた事実はない」と表明、96年3月11日に発表された社内調査の結果でも否定した。

しかし、翌12日に東京地裁で行われた被告中川智正（2018年死去）の公判での坂本弁護士一家殺害事件の冒頭陳述で、検察側はオウム幹部3人が89年10月26日、民間放送局（TBS）を訪れ折衝の過程で教団の出家制度や布施制度を批判したインタビューの内容を知ったことを明らかにした。TBSは「見せた事実はないと確信している」と反論したが、3月23日に入手した早川（2018年死去）メモのコピーとインタビュー内容がほとんど一致していることがわかったうえ、ワイドショー**「3時にあいましょう」**のプロデューサーが主張を翻し「見せたんじゃないか」と認めた。

坂本弁護士一家の3人は89年11月4日に殺されていた。3人もの命に関わった可能性のある不祥事は放送局でも前例がなかった。**ビデオを見せたことが犯行に影響したと受け止めた視聴者からは「お前らが坂本さんを殺した」「TBSはもう見ない」という抗議電話が、TBSに殺到した。**

「民放の雄」「報道のTBS」と呼ばれてきた老舗の放送局は、長く暗いトンネルに入っていった。社長**磯崎洋三**（2004年死去）ら取締役3人は5月1日、引責辞任した。東京放送編『TBS50年史』（2002年）には「TBSが創業以来営々として築いた社会的信用は崩れ去り、ゼロからの出直しを求められたのである」と記されている。

1962年9月に設立されたビデオリサーチの視聴率調査で、TBSは63年から81年まで、ゴールデンタイム（夜7～10時）で民放のトップを独占してきた。82年にフジテレビにその座を譲ったあとは、フジテレビと日本テレビが首位争いを繰り広げた。オウムビデオ問題後も低迷を続けたTBSは2010年の終わりには、その日の最高視聴率番組が平日午後4時台の「水戸黄門」の再放送という事態がときどき起こっていた。**10年度決算では、TBSテレビが民放キー局（単体）で唯一の赤字（18億円の純損失）を記録した。**視聴率の低迷に伴う売り上げの減少が原因だった。

TBS復活の狼煙となったドラマ「JIN—仁—」

こうした厳しい空気のなか、一筋の光を示したのが09年10月から日曜夜9時の「日曜劇場」で放送されたドラマ**「JIN—仁—」**だった。医師が幕末にタイムスリップする奇抜な設定ながら強いメッセージ性が好評だった。

ただ、「ＪＩＮ」は難産だった。06年4月に原作の漫画単行本の第1巻を読み、プロデューサーだった**石丸彰彦**（44）＝現・編成部企画総括＝は連続ドラマ化を決意。タイムスリップする設定から主役はなぞに満ちた俳優がいいと考えた。そこで01年から連続ドラマに出演していなかった大沢たかおに白羽の矢を立てた。07年7月、大沢の個人事務所を訪ね、企画書を置いて出演を依頼した。

しかし、結果は「検討します」ということだった。いいドラマになる自信があった。意地もあり連絡を取らないでいると、10カ月後の2008年5月に承諾の返事が電話であった。最初のイメージで相手役に決めていた綾瀬はるかには1年間待ってもらっていた。

幕末の江戸で厳しい環境のなかで手術や治療に奔走する大沢の周りには、医術を学ぶ綾瀬と花魁役の中谷美紀がいる。石丸は「男1人と揺れる女性2人のラブストーリーは外れない、と思っていた。**90年代は『あるある』という感覚のリアリティーのあるドラマがはやっていたが、『ＪＩＮ』のころからデコレーションというかデフォルメがドラマの世界にある方がいいという感覚になった**」と話す。30～40代の視聴者を中心に想定したドラマだったが、幅広いファンを獲得した。15％いければと思っていた平均視聴率は19・0％を記録した。

好評を受けて続編の**「JIN—仁—　完結編」**は11年4月から放送された。維新を前に坂本龍馬らが奮闘、「歴史は変えられるか」という難題に主人公は医師として直面した。荒唐無稽な設定ながら、舞台の江戸に懐かしさを感じさせる、これまでにない作風が築き上げられた。

完結編の平均視聴率は21・3％と前作を上回った。米国や欧州、ロシア、韓国など約80カ国・地域に輸出され放送された。石丸にとって、「JIN」はドラマ創りの基準となり、その後に手がける自身プロデュースのドラマのライバルとなった。これまでで最高のドラマと思うのはフジテレビ「北の国から」だが、完結編の最終回の音楽を入れているとき、「これ以上は作れないから終わりにしよう」と走りきった感慨にとらわれた。自分自身が制作した「日曜劇場」のドラマの中で「JIN」を超える作品はまだない。

あこがれの亀山千広からの激励

石丸がドラマプロデューサーを志したのは静岡県立韮山高校1年生のころにさかのぼる。フジテレビのドラマ制作に携わっていた卒業生の**亀山千広**（62）＝現・BSフジ社長＝が同校の生徒向けにした講演がきっかけだった。

壇上に置いたラジカセのボタンを押すと、人気絶頂のタレント田原俊彦の声で「韮山高校のみなさん、こんにちは」。一気に盛り上がり、**「中山美穂と柳葉敏郎を頭の中でキスさせたいなって例えば思うじゃない？　僕はそれが実現できる職業です」**という話に引き込まれた。小学生のころから「あぶない刑事」などのテレビドラマのシナリオ本を読むのが好きだったというマニア心理も刺激され、将来の夢が生まれた。

フジテレビの入社試験は不合格となったものの、97年にTBSに入社。バラエティーで1年間アシスタントディレクター（AD）を経験したあと、ドラマの演出補をしたとき、番組の打ち上げ用ビデオの作成を依頼された。渋谷で街頭インタビューしても、うまくいかなかった。フジテレビの編成部長だった亀山にインタビューするアイデアを思いついた。

代表電話から亀山につないでもらい、高校の後輩で講演を聞いてあこがれて東京へ来た、と訴えた。すると「今から来い」。カメラを持ってお台場に向かい、亀山に話してもらった。TBSのドラマの打ち上げでビデオを流すと大受けした。

この出会いから9年後、「JIN―仁―」の第5話で視聴率20％を初めて突破したとき、石丸の携帯電話が鳴った。登録されていない電話番号だった。出てみると亀山だった。「お前、頑張っているな。良いドラマ作っているよ」。出演していた綾瀬はるかのマネジャーから石丸の携帯番号を聞いたという。編集中だった石丸は、廊下に出た。涙がこぼれた。

質と企画にこだわる「ドラマのTBS」の底力

トレンディードラマで勢いに乗ったフジテレビは90年代から00年代にかけドラマの話題作を連発し、日本テレビも**「家なき子」**や**「家政婦のミタ」**で高視聴率ドラマを手がけた。そんな中、TBSでは低視聴率のため打ち切りとなる作品などが出現し、「ドラマのTBS」と呼ばれた金看板が揺らいでいる、との見方が広がっていた。

石丸は15年から編成部企画総括に就任、プライムタイムに週3本あるドラマの企画を決定する立場にある。**「他局のドラマが目立った時期はあったが、TBSはドラマを地道に作ってきた。作品の質の凸凹が最も小さいのがTBSだったと思っている」**と話す。

看板ドラマ枠となっている日曜劇場ではここ数年、**「半沢直樹」**(13年)、**「下町ロケット」**(15年)、**「99・9―刑事専門弁護士―」**(16年)、**「陸王」**(17年)などヒット作が相次いでいる。日曜の夜9時の放送時間とあって、40~50代の男女が主な視聴者層だ。こうした作品の共通点として、石丸は「日曜劇場は太い幹のテーマが多く、根底には人間愛がある」と分析する。

TBSのドラマ全体として、3年ほど前から「企画優先」が徹底されている。人気のある俳優のキャスティングを押さえるのではなく、企画の良さをまず重視し、そのうえでどの俳優が一番ふさわしいかを考えて配役をするようにしている、という。放送の1年前に企画を決めたあと、脚本をじっくり練る例が多い。

石丸自身は不良高校生が野球に打ち込む学園もの**「ROOKIES(ルーキーズ)」**(08

年）や親子愛に焦点を当てた**「とんび」**（13年）、実在の人物の一生をモデルとした**「天皇の料理番」**（15年）など、作風は幅広い。開局60周年番組となった「天皇の料理番」では、一度は決めていた冒険もののドラマから急きょ切り替えた。戦後70年にあたる作品を意識したが、ある日、「ふと、これじゃないかも」と感じ、書き終えていた脚本家に別作品の執筆を依頼し直した。

納得するものを丁寧に作る。石井ふく子（92）、大山勝美（14年死去）、柳井満（16年死去）、鴨下信一（83）、堀川とんこう（81）、八木康夫（68）……。ＴＢＳドラマの作り手の先人たちによって積み重ねられた歴史が、ＴＢＳドラマの復元力となった。

石丸は「先輩たちのＤＮＡを受け継ぎ、ドラマの作り方は若いころから変わっていないと思っている。**伝統とは、言葉にはならない空気。その空気によって、ＴＢＳのドラマは作られている**」と言った。

視聴率を狙わないWOWOWドラマの力

2003年10月24日、日本テレビのプロデューサーによる「視聴率買収」問題が明らかになった。興信所を使ってビデオリサーチの視聴率調査対象世帯を割り出し、知り合いの制作会社社長が対象世帯を訪問してプロデューサーが制作した番組を見るよう依頼し、謝礼を支払っていたという前代未聞の不祥事だった。

プロデューサーは番組制作費を複数の制作会社などに水増し請求させたうえ、日本テレビが支払った水増し分をキックバックさせ、興信所の費用や調査世帯への謝礼に充てていた。視聴率操作にあたったのは00年3月から03年7月まで。水増し請求は14回、計1007万6585円に及び、うち875万2584円が工作費用に使われた。交渉役の元制作会社社長とその元妻は十数世帯に視聴を依頼、承諾した6世帯に商品券1万円ずつを渡していた。

この交渉がビデオリサーチに発覚したあとは、プロデューサー本人が電話で対象世帯に視聴を依頼していた。ただ実際の対象世帯は3世帯で、視聴率に影響があったとしても最大0・5％だった。

年末年始などの特番を担当するだけでレギュラー番組をもたないプロデューサーは危機感から視聴率の買収を実行した。買収の実態は外部委員による「視聴率操作」調査委員会が11月18日に公表した報告書で明らかになった。視聴率を重視する社長の**萩原敏雄**（82）＝11月18日付で副社長に降格＝のもと、背信行為に手を染めたプロデューサーは懲戒解雇となった。

「発掘！あるある大事典Ⅱ」データ捏造事件

視聴率買収問題が発覚してから3年3カ月後の07年1月20日、関西テレビは制作した生活情報番組**「発掘！あるある大事典Ⅱ」**で、納豆のダイエット効果を紹介した1月7日放送分にデータ捏造や発言していない米国大学教授のコメント放送など7カ所に問題があった、と発表した。**社外有識者による調査委員会が過去520回の放送分までさかのぼり精**

査した結果、納豆ダイエットを含め計16件で問題があることが3月23日に公表した報告書で明らかにされた。

「寒天で本当にヤセるのか!?」などで番組構成に合わせて実験したデータを操作した改ざんが4件、日本語のボイスオーバー（吹き替え）による捏造が4件、残り8件は実験方法が不適切だったり、研究者に確認を取らなかったりするなど表現が不適切だった。

番組は関西テレビから企画した日本テレワークに制作委託され、さらにアジトなど9社の孫請けに再委託されていた。アジトは納豆ダイエットなどを担当し、16件中9件の問題に関わっていた。関西テレビにプロデューサーはいるものの、実態は制作会社に丸投げされチェックがまったく働いていない実情が暴露された。**調査委員会は問題の原因と背景として、「視聴率本位の制作態度」「完全パッケージ方式による制作委託の問題点」「再委託契約におけるピラミッド型の制作体制の問題」など11項目を指摘した。**

捏造発覚で日本テレワーク社長を辞任した**古矢直義**（73）は、アジトのディレクターについて「報告を聞いている限り、とにかく当たればいい、視聴率さえ取れればいいという考えの持ち主のようです」（「日経ビジネス」07年5月7日号）と述べている。関西テレビ社長だった**千草宗一郎**（74）は4月3日付で取締役に降格した。

中核の40～60代をメインターゲットにした「ドラマW」

民放地上波の視聴率至上主義の歪みが相次ぐなか、有料BS放送の民放局WOWOWは、08年から**「ドラマW」**で日曜夜に連続ドラマを始めた。視聴率を求めるのではなく、加入視聴者の中核である40～60代をメインターゲットとした作品を並べた。

03年にスタートした「ドラマW」では単発のオリジナル作品を放送してきた。化粧品業界の内幕を描いた03年の**「コスメティック」**（林真理子原作）は、化粧品会社が有力スポンサーである地上波民放では実現しないドラマといわれた。著名なフリー演出家や映画監督を起用し独自性への評価は高かったものの、加入者増加にはあまりつながらなかった。

本腰を入れるなら、連続ドラマとして08年4月から始めた「連続ドラマW」第一弾が井上由美子脚本の**「パンドラ」**（出演・三上博史、柳葉敏郎）だった。内科医が発見したがんの特効薬をめぐってうごめく製薬会社や医学界の思惑や欲望を描いたオリジナル作品。8回の放送でのめまぐるしい展開が視聴者を引きつけた。

翌09年3、4月に5回放送された**「空飛ぶタイヤ」**（出演・仲村トオル、田辺誠一）は、大型トレーラーのタイヤが走行中に外れて、歩行者を直撃し死亡するという実際の事件をもとにした池井戸潤原作の小説を脚色した。大手自動車会社のリコール隠しを、事故を起こした運送会社社長が無実を証明するために暴いていくストーリーは、自動車会社のCMが多い地上波民放では放送が難しいテーマだった。

リアリティーがありながら展開が読めないサスペンスは、まっすぐな行動をする正義感あふれた主人公の造形とともに、視聴者からの反響は大きかった。新規の加入者増にも結びつき、「連続ドラマW」のスタンダードと位置づけられる作品となった。

脚本家にとって、スポンサーの制約のないWOWOWのドラマで取り上げるテーマは自由であり、新たな発想が可能になる。CMがないため、同じ1時間ドラマでも、本編の分数は地上波民放の43分間に比べWOWOWは約50分間と5分以上長い。情報量が増え、濃

連続ドラマＷ「空飛ぶタイヤ」で主演した仲村トオル（右）と田辺誠一
©WOWOW

密な内容にすることができる。08年のリーマン・ショックを機に、地上波民放は企業業績の急激な悪化によるＣＭ出稿の減少で、民放キー局は09年度から制作費の大幅な削減に踏み切った。制作費をかけたＷＯＷＯＷのドラマの高級感がより増して見えた。

当時編成部で「ドラマＷ」を担当するプロデューサーだった**青木泰憲**（49）＝現・ドラマ制作部エグゼクティブプロデューサー＝は『連続ドラマＷ』では視聴者と重なり感情移入しやすい40代の男性が主人公となる作品が多くなっています。**単発時代はクリエイティブ（作り手）**

ファーストでしたが、連ドラではカスタマー（顧客）ファーストに切り替えました」と話す。青木にとって最も思い出深い作品は「空飛ぶタイヤ」だ。どのドラマを手がけても、「空飛ぶタイヤ」と比べてしまう自分がいた。その後も、「連続ドラマW」では、**「下町ロケット」**（11年）や**「レディ・ジョーカー」**（13年）、**「沈まぬ太陽」**（16年）を手がけた。

「ドラマW」の配役は、イケメンぶりや人気ではなく、演技力が重視されている。目指しているのは、次回を見たくなる「中毒性」と「メッセージ性」の両立だ。主演俳優だけに焦点を当てる作品ではなく、登場人物それぞれの思惑や視点を丁寧に追う群像劇が多い。時間とお金をかけた海外ドラマに負けないドラマづくりを目標に据えている。脇役などで出演を希望する俳優も多いという。

青木は「自分の好みにこだわるのではなく、ごく普通の感覚を大切にしている。視聴者にマニアックな人はそんなにいない。加入者のど真ん中に見てもらうことを第一に考えている」と言う。

「加入者から前金をもらっている」という緊張感

WOWOWのドラマ制作部プロデューサー**岡野真紀子**（36）は09年5月に、制作会社テレパックから転職してきた。テレパックでは希望したドラマづくりにプロデューサー補として関わりやりがいはあったが、番組スポンサーの対応が重要な仕事だった。スポンサーの商品を傷つけないことが第一。毒殺や自動車事故を平気で取り上げる「連続ドラマW」を見て、「何だ、これ」と驚かされた。視聴者だけを向いたドラマを作りたいと、社員募集をしていたWOWOWに、企画書ではなく履歴書を提出した。

入社後、プロデューサーとして初めて手がけたドラマは、光市母子殺害事件の被害者遺族の男性を描いた門田隆将原作の**「なぜ君は絶望と闘えたのか」**（出演・江口洋介、眞島秀和）だった。死刑判決が言い渡された差し戻し控訴審後、最高裁に上告されたなか、各局で争奪戦となった原作をめぐり、「最高裁判決後の放送」とした他局に対し岡野は「作ったらすぐ放送する」と訴え、放送権を獲得した。

岡野は「少年事件の死刑の是非を問うドラマではなく、遺族の闘いを通して人間ドラマを描きたかった。取り上げるテーマと意義が、裁判の審理状況よりも重要だった。ドラマが世論を動かすことにならないかと社内で半年かけて議論したうえでの判断だった」と語る。10年9月に2回で放送された。12年2月、死刑判決が言い渡され、確定した。

その後も「連続ドラマW」を精力的に担当し、15年9月から放送された清武英利原作の**「しんがり～山一證券　最後の聖戦～」**（出演・江口洋介、萩原聖人）が話題を呼んだ。巨額の簿外債務で97年に自主廃業した山一証券に証券取引等監視委員会の調査が入るなか、非主流の社員が不正経理の究明と顧客への清算業務に打ち込む姿を描いた。

岡野は原作のノンフィクションを読み、倒れた会社に残って闘いを挑む社員のドラマを初めて知った。「日なたで光に当たってきた人生よりも、日陰にいながらすごいことを成し遂げる人の矜持に感動した」と言う。ただ、ドラマでは社員たちの拠点となったアジトでのやりとりはフィクションにした。実在する社員をそのまま描写するのではなく、内に秘めた魅力やコミカルな部分を見つけ、登場人物を作り上げていった。

「しんがり」を制作した直後、原作者の清武から取材中の話を聞いてドラマにしたのが**「石**

連続ドラマW「石つぶて」に出演した佐藤浩市（左）と江口洋介
©WOWOW

つぶて～外務省機密費を暴いた捜査二課の男たち～」（出演・佐藤浩市、江口洋介）だった。原作が出版される1年前に企画書をまとめ、17年11月から放送した。

01年に発覚した外務省機密費詐取事件の端緒をつかんだノンキャリアの警視庁刑事が課長と連携しながら、上層部の消極姿勢を乗り越えて立件していった内情を伝えた。ドラマ化を検討するなかで、努力して石を投げ続けた刑事に興味をもった。実際に会うと、ドラマで描いたほど偏屈な人ではなかったが、たたき上げ刑事と年下の上司による「バディー」ものとして取り上げたい、と決意した。

岡野の作品では江口洋介が重要な役どころでよく起用される。岡野は「江口さんは人物として『陽』であり、画面を通して誠実さが伝わるから。苦しい場面でものめり込んで演じてくれるから信用性がある。佐藤さんのもつパワーや熱もすごかった。ノンフィクションものでは役者がすごく大事。ウソくさい人がやると終わってしまう」と話す。

ただ、前例のない事件を手がけた刑事たちは所轄の警察署に異動し定年を迎えるなど、ハッピーエンドでは終わらない。刑事が鍛えた後輩の女性が汚職事件を摘発したことを聞き、職人技の遺伝子を残せた思いを抱くエピソードで作品は終わる。思い通りのゴールに届かない現実にこそ人間ドラマが宿ることを伝えている。

WOWOWはスポンサーからの制約がないため制作者にとっては自由だといわれる。しかし、岡野は**「制約のないことが一番の制約。CMが入らないからこそ、緊張感が半端ではない。**入社したときに『加入者から前金をもらっているんだ』と最初に言われた。私の番組の日に契約を打ち切られたらと思うと、放送前日は眠れません」と言う。視聴率という結果はなくても、プレッシャーを感じない制作者はいないということらしい。

ポケモンで始まったテレ東アニメ戦略

テレビ東京の報道局記者だった**岩田圭介**（63）は1992年ごろ、日本テレビのアニメ「アンパンマン」が放送収入よりもビデオやキャラクター商品の権利収入など二次利用の利益の方が大きい、という新聞記事を読んだ。これがきっかけで、岩田のテレビ局での人生は大きく変わった。

アニメで「子どもに夢を、会社に金を」

民放キー局で最後発のテレビ東京は、社員数をはじめ規模で他局に大きく後れを取っていた。視聴率はいつも最下位。番組にかけるお金も潤沢ではなかった。岩田は「**制作費は他のキー局の半分以下。局内では『金は使うな、頭を使え』と言われていた**」と話す。ある現役のプロデューサーはテレビ東京の悪いところを、「低予算前提で考える癖がついてしまい、壮大なことを考えるのを無意識に排除しているところ」(『テレ東的、一点突破の発想術』)と告白している。知恵を最大限に使う社風は変わっていない。

アンパンマンの記事を読んだ岩田は、外部の制作会社ですべて作るアニメなら他局と制作費に差はあまりないはずで勝負ができると考えた。報道の前に営業や編成を経験していた岩田は異動希望を出し、翌93年7月、アニメ制作を担当する編成局映画部に移った。子どものころ「鉄腕アトム」や「ハリスの旋風」「あしたのジョー」といったアニメに接し、学校の授業で教えないことを学んだ記憶があった。「子どもに夢を、会社に金を」と意欲を燃やした。

テレビ東京は83~86年に**「キャプテン翼」**を放送するなどの実績はあった。しかし、アニメの現場は厳しかった。30分番組で他局が700万円出す制作費を、テレビ東京ではより少額しか捻出できなかった。おもちゃやビデオなどでの二次利用の利益をあてこみ、不足分は広告会社やアニメ制作会社に融通してもらっていたという。放送する系列局が少なく、アニメ関連の商品の売り上げが伸びないため、おもちゃ会社からもいい顔はされなかった。

大ヒットとなった「エヴァンゲリオン」と「ポケモン」

苦闘するなか、営業の協力を得て、93年に約10本だったアニメの放送枠を2年間で3倍に増やした。そんなとき、ビデオ製作を手がけていたキングレコードのプロデューサーから**「新世紀エヴァンゲリオン」**というアニメの企画を打診された。監督は**庵野秀明**（58）に決まっていた。熱烈なファンをもちビデオの売り上げは見込めたが、表現にこだわりをもち周囲とあつれきを生む可能性があった。リスクはあったものの、庵野と組む決断をした。夕方6時台の放送だっただけに、性表現や暴力などのシーンについては話し合って折り合いをつけた。

95年10月からの放送では、10代後半の男性を中心に反響を呼んでヒットした。二次利用については、テレビ東京が国内の地上波、衛星波の放送権、キングレコードがビデオや海外の放送権をもった。岩田は「**テレビ東京の二次利用の権料は数億円になった**」と言っている。最初の成功例となった。

岩田が次に手がけたのは**「ポケットモンスター」**だった。96年の発売から任天堂のゲームボーイ用のソフトとして、小学生の人気を集めていた。小学館の漫画誌「月刊コロコロコミック」にも連載され、ブームは加速していた。任天堂、小学館プロダクション（現・小学館集英社プロダクション）、ゲームフリーク、クリーチャーズ（いずれもゲーム製作）と組み、テレビ東京は97年4月からアニメの放送を開始した。老若男女に視聴者層を広げようと、主人公のほかに、ピカチュウをアニメでは中心キャラクターにしたという。

視聴率はつねに二ケタを保ったうえ右肩上がりで、同年11月には過去最高の18・6％を記録した。ところが、12月16日、午後6時30分からの「ポケモン」を見ていて体の不調を訴える子どもが続出し救急搬送されたという一報が、帰宅途中の岩田の携帯電話にもたらされた。結果、その数は700人近くに上った。画面のフラッシュ光の点滅に反応した光過敏性発作によるものだった。この翌週から放送を休止し、映像処理の対策を講じたうえで、木曜夜7時からの放送に移し98年4月から再開した。7月には映画**「ミュウツーの逆襲」**が公開され、興行収入72億円の大ヒットとなった。

「ポケモン」の人気は海外にも広がった。海外での本格的な二次利用はテレビ東京にとって初めてであり、空前の規模となった。プロジェクト内の分担として、テレビ東京が国内の放送局への番組販売を担当、小学館が出版、トミー（現・タカラトミー）がおもちゃ、小学館プロダクションが海外展開をそれぞれ担当した。

岩田は、生身の売れっ子芸能人とはちがう、アニメの人気キャラクターの孝行ぶりをこう表現する。「アニメのキャラクターはふけないし、わがままを言わないし、犯罪を絶対に起こさない」

その後、岩田は2000年4月から**「遊戯王デュエルモンスターズ」**、02年10月から**「NARUTO―ナルト―」**といういまも人気を保つアニメを手がけた。アニメ事業部長などを歴任した岩田は07年、アニメ専門チャンネル・アニメシアターXを運営する子会社のエー・ティー・エックスに転じ、社長を務めた。18年11月からは映画配給会社・ギャガの取締役に就任しアニメ部門を担当することになった。

インタビュー01
和田竜さん（作家／泉放送制作元スタッフ）

「単純にすればいいのか」

好景気のバブル期から「失われた20年」を経て、30年余りの平成時代のテレビはどう移り変わったのか。かつてテレビ局や制作会社に所属し、番組の内側をよく知る人たちに、民放の現状についての評価を聞いた。

――大学卒業後、制作会社に入ったきっかけは。

「高校1年のときに映画『ターミネーター』を見て、映画監督になりたい、と思ったのです。『ランボー』や『リーサル・ウェポン』など1980年代のハリウッドのアクション映画が大好きでした。黒沢明の『用心棒』や『椿三十郎』は大学時代にVHSビデオを見た世代ですが、黒沢が『映画監督になりたければ脚本を書きなさい』と言っているのを知り、学生時代は劇団で脚本を書いて演出をしていました。映画監督にすぐにはなれないので、まずテレビ局に入ってと思っていたのですが、すべてはねられ、入れてくれたのが制作会社の泉放送制作でした」

――番組制作の現場はどうでしたか。

「ドラマ班の配属となり、ＴＢＳの番組で下っ端のＡＤ（アシスタントディレクター）をしていました。７月から放送され大ヒットした『愛していると言ってくれ』のときは、原宿でのロケに人が集まりすぎて中止になったほど。弁当を配ったり、出番となる役者を呼びに行ったり、ロケの撮影で通行人を止めたり、ごみを片づけたりと、あらゆる雑用をしましたね。ただ、体育会系のノリが嫌いだったので、入った瞬間、向いていないと思いました」

――制作現場で学んだこととは。

「その後に担当したのは『真昼の月』や『協奏曲』『理想の結婚』『いちばん大切なひと』と、大半がＴＢＳのドラマでした。脚本といえば文学、アートという認識をもっていたのですが、多くのスタッフにとって地に足のついた、泥くさい作品の設計図にすぎないという認識に思えたのがよかった。できるＡＤではなく先が見えていた面もありましたが、３年は続けないと辞めぐせがつくと考え、３年弱勤めました。テレビは分業の世界で、物語の根幹の部分を作り上げる脚本家を目指すことにしました。ドラマ班にいた同期入社の２人は、いまもドラマ制作に関わっています」

――その後は。

「ペンで食べていける仕事をと、業界紙『繊維ニュース』を発行しているダイセンという会社に入社しました。東レ、帝人といった企業や経済産業省などを取材しましたが、業界紙の記者をしながら、夜の12時から未明の３時ごろまで数カ月がかりで脚本を年１～２本書いては、シナリオの新人コンクールに応募していました。好きなアクションものを題材にしていましたが、選考で落ちて、なかなか結果が出ませんでした」

――転機はあったのでしょうか。

「現代ものがダメだったので、歴史もののバトルで書いてみたらできるかなと。破れかぶれでしたけど。そして02年に書いた『小太郎の左腕』が映画脚本コンクールの城戸賞の最終選考に残りました。翌03年、埼玉・行田の城での水攻めを描いた『忍ぶの城』が城戸賞に選ばれました。映画プロデューサーが注目して、04年から映画化に向けて動き出しました。しかし、無名の脚本が即映画化されるはずもなく、小説にして出版することになりました。半年間かけ07年に小説として世に出したのが『のぼうの城』でした。10年には撮影が始まったものの、東日本大震災の津波を連想させると、公開が約1年間延期された末、12年11月にやっと封切られました」

――曲折を経て、夢だった映画に関われたわけですね。

「幸い、小説の『のぼうの城』が売れたので。売れなかったら、頓挫していたでしょう。歴史小説としては若い人や女性の読者が多い、と言われました。僕としては好きだった歴史を舞台に活劇を書いたことがしっくりきた感じでした。戦国のマインドやそれをベースとした戦いを描いたのが評価されたようでした。業界紙の記者時代、経営者に取材したときに聞いた組織を維持するこつや人を動かすということが小説の執筆に役立ちました。経営者には独特の雰囲気があり、様々なタイプの方がいました。人間を学ぶ場でもありましたね」

――作家に専従する生活となり、古巣のテレビの世界をどう見ていますか。

「番組は時代に合わせて変化するものです。昔のドラマはスタジオでの収録が多かったですが、カメラの小型化でロケが増えました。私が制作会社にいたときも、ロケでスケジュールがいっぱいでしたが、リアリティーのある映像が撮れたのではないでしょうか。映画では一時期、CG（コンピューターグラフィックス）が全盛でしたが、映像のパターン化により、現物を撮ることへの再評価がなされています」

――どんな番組を視聴していますか。

「ドラマはそれなりに見ています。好きなのはテレビ朝日の『相棒』。警察機構の矛盾を描くこともあれば、個人を掘り下げるといったいろんな側面をもっているドラマであることが魅力ですね。それからTBSで2016年に放送された『重版出来！』は、漫画編集者のいろんな思いがつまった群像劇としてすごくおもしろかったですね。漫画編集者の職業トリビアみたいなものが描かれていたのも興味深かったです。時代劇にとくに関心を払っているわけではありませんが、16年のNHK大河ドラマ『真田丸』は見ていました。歴史上の登場人物についての三谷幸喜さんの解釈がおもしろかったです。バラエティー番組では、肩の力がうまく抜けたさまぁ～ずの番組がお気に入りです。コンプライアンス（法令や社会規範の順守）だ何だと問われる時代にバラエティーの制作は大変だと思います。いまの空気に敏感にならないと笑わせられない一方で、空気に従いすぎるとおとなしくなってしまう。しかし、昔の作り方だと視聴者はキョトンとして笑えないのではないでしょうか」

――脚本は気になりますか。

「以前から山田太一先生が大好きでした。TBS『岸辺のアルバム』（1977年）やNHK『男たちの旅路』（76～82年）は時代の空気を映し出して作られていた名作です。脚本を読んで勉強しました。一人ひとりをじっくり見据えながら、物語のうねりを生んでいく。しっかりとしたテーマがありながら、娯楽性もある。僕の目標の一つです。当時はこうしたドラマを好む人が多かったのでしょう。視聴者にドラマを見る力があったのではないでしょうか。本を読む人が多かったからかもしれません。いま話題になるドラマは、活躍する強烈な主人公を周りがお膳立てするような設定が多いように思います。それはそれでおもしろいものもあるのですが」

――今後のテレビに期待することがあれば。

「人々の読む力や見る力が落ちている昨今、テレビドラマでも単純にしないと、多くの人に見てもらえないのかもしれません。こうした傾向はいい悪いというよりも、時代の空気なのだから仕方ない。歴史ものの映画でも、いまの観客は歴史にうとくなっているから簡単にわかるように作った方がいいという意見が出ることがあります。しかし、僕は歴史を述べるということと、娯楽のギリギリの線をさぐっていきたい。テレビでも視聴率を稼げると、安易な手法に流れるのには疑問を感じます」

わだ・りょう

1969年、大阪生まれ。早大政経学部を卒業後、95年、制作会社の泉放送制作に入社。ドラマのADとして3年間勤務したあと退社。業界紙「繊維ニュース」の記者に転職し2008年まで勤務。03年に「忍ぶの城」で城戸賞を受賞。07年、小説『のぼうの城』として出版、12年には映画化。13年に刊行された『村上海賊の娘』が14年の吉川英治文学新人賞、本屋大賞を受賞。

第2章
バラエティ

若者を熱狂させたフジの深夜番組が消えたわけ

激しい販売競争が繰り広げられた「ビール戦争」を、歴史ものとして描くとどうなるか。タイトルは「幕末ビール維新」（AD1950~1990）。1987年に開発されたアサヒ「スーパードライ」の流布の先頭にたったのが落合信彦左衛門（ちなみに「スーパードライ」のCMに出演していたのが作家の落合信彦）が、ちょんまげ姿で登場する。

その前段の出来事は年表ふうに紹介される。1979年には、強固なラガー政策を行ってきたキリンが〝生〟製品販売に踏み切った「生類憐れみの令」が出された。1983年では、アサヒ藩が「アサヒミニ樽」をもって戦線布告した生樽戦争が、上野の杜の花見客を巡って激しく争われた——。

80年代に起こったブームや現象を過去の歴史に置きかえ、笑い飛ばすような解説を展開する手法で、話題を呼んだのがフジテレビで90年4月に始まった深夜番組「**カノッサの屈**

辱」だった。「ニューミュージックと西太后」「インスタントラーメン帝国主義国家の宣戦」「健康ドリンク百年戦争の起因と拡大」「近世ハンバーガー革命史」「古代エーゲ海アイドル帝国の滅亡」「デート資本主義の構造」「チョコレート源平の対立と国風文化」などなど、身近な商品や流行を仰々しく説明する形式が、若者から支持を集めた。駆け出しだった放送作家の**小山薫堂**（54）が手がけた脚本は、そのセンスが注目を集めた。

若手の「深夜の編成部長」から生まれた「カノッサの屈辱」

フジテレビでは当時、若手の編成部員に深夜番組の編成の全権を委ねていた。「カノッサの屈辱」を始めたとき、「深夜の編成部長」を務めていたのは**石原隆**（57）＝現・フジテレビ取締役＝だった。同じく編成部員だった**金光修**（63）＝現・フジテレビ専務＝が「カノッサの屈辱」の企画原案を作った。

金光は「『インスタントラーメン』では発祥から袋やカップと形を変えての登場、ディスコでいえば店の興亡を、現在に至るまで歴史的事件になぞらえて説明するのです。人気を集めたのですが、資料集めをはじめ大変な労力が必要だったので1年間で終了しました」と話す。番組タイトルは、山川出版社の世界史の教科書に出ている用語から選んだという。

「カノッサの屈辱」の前身の番組として88年10月から1年半放送された深夜番組**「マーケティング天国」**があった。当時、具体的な商品を示すランキングを、テレビで取り上げることはなかったがその慣習を破る内容だった。レコードの実売数や映画の興行収入、テレビ視聴率などエンターテインメント情報だけでなく、清涼飲料水や歯磨き粉といった日常生活品も対象にした。

首位になった商品のスポンサーは喜ぶが、下位になった企業は文句をぶつけてくる。レコードの売り上げでも、所属歌手の順位が低かった大手芸能事務所からクレームが入った。編成部員として「マーケティング天国」を企画した小牧次郎（60）＝現・スカパーＪＳＡＴ専務＝は、営業局の局長や部長からよく叱られていた。この傾向にさらに輪をかけたのが「カノッサの屈辱」だった。

独自の切り口による歴史解釈は、多くの摩擦を生んだ。「カノッサの屈辱」でインスタントコーヒー史を取り上げたとき、〝まがいもの〟と受け取られるような表現があったため、あるコーヒーメーカーは抗議し、グループ各社の広告を一時引き揚げた。

「オタク＝悪」に反発した「カルトQ」

金光が「深夜の編成部長」だった91年10月に自らのこだわりでスタートさせた**「カルトQ」**も一部の若者から熱い支持を獲得した。ある領域においてはきわめて深い知識をもっている人間を礼賛するクイズ番組だった。ブラック・ミュージック、B級映画、東急ハンズ、スニーカーといったテーマで、専門知識を競った。

首都圏の連続幼女誘拐殺害事件で宮崎勤元死刑囚が89年に逮捕されたときに起きた「オタク＝悪」といったステレオタイプの風潮に反発した金光は、特定のものへの熱狂的な崇拝を意味する「カルト」をあえて肯定的に番組名として掲げた。しかし、企画会議で金光が制作スタッフにカルトの意味あいを解説しても、金持ちの趣味といった受け取られ方をして、会議で3、4回説明した。金光が想定していたカルトとは、マッキントッシュへの偏愛やサラブレッド馬の血統の知識といったものだった。

「カルトQ」の初回放送は、サブカルチャーの説明から始めた。わかる人だけわかればいい。ただ、受け入れる視聴者がいるだろうという確信はあった。特化したうんちくをもつ人は畏敬の対象になる。たとえば、ある音楽分野に超人的な知識をもつ人は、多くの人たちからリスペクトされるはずだ。

細部にこだわる嗜好は、のちに02年から深夜で放送されたバラエティー番組**「トリビアの泉」**につながる。実用的な情報に背を向け、ムダな知識に着目したことが人気を呼んだ。

視聴率三冠王に甘んじないチャレンジ

若手に任せ従来と異なる深夜番組を誕生させたのは、編成部長だった**重村一**（73）＝現・ニッポン放送会長＝だった。87年6月に編成部長になった重村は、三つの目標を決めた。**（1）新しいイメージをつくる、（2）新しい若者文化を取り入れる、（3）ドキュメンタリーに力を入れる、**の3点だった。

「楽しくなければテレビじゃない」のキャッチフレーズに乗り、バラエティー番組の好調で82年から視聴率三冠王が続くなか、このままでいいのか、という思いがあった。87年10月、日曜の深夜に**「FNSノンフィクション」**という番組をさっそく始めた。

この10月から民放初の24時間編成を発表。**若手部員を「深夜の編成部長」に指名し、「プロ野球ニュース」が終わってから早朝までの番組編成の全権を与えた。**番組の内容はもちろん、予算の配分も自由にさせた。重村は「アンチ・フジテレビ、アンチ・軽チャー路線を生み出せれば」と考えていた。そのためには自分がやっても仕方がない、と部員に任せることにした。深夜番組枠は**「JOCX―TV2」**と名づけられた。第2のフジテレビの位置づけだった。

それまでの深夜番組といえば、映画やドラマの再放送が中心だった。重村は「深夜の編成部長」について、社長の**羽佐間重彰**（90）に報告すると、「スポンサーの制約なしに好きなことをやらせろ」と助言を受けた。羽佐間がニッポン放送時代に深夜放送**「オールナイトニッポン」**を始めたときは、営業部門にあえて「売るな」と指示したというのだ。深夜放送が若者の人気を集め、1年ほど経ったころ、番組を提供したい企業に飢餓感が出て、好条件が示されたという経験を教えられた。

重村も当面の採算を考えずに、番組の新しいアイデアを大切にする方針を貫いた。深夜の水族館にカメラを据え、夜行性の魚を映し続けるような番組が登場した。
当時、通常の番組の視聴率はトップであることが、フジテレビにとっては当たり前のようになっていた。目の前のことに追われず、新たな試みを手がける余裕があった。

金光は重村から唯一与えられた**「海外を意識しろ」**という将来を見すえた助言を受け入れ、インドネシアやマレーシア、シンガポール、台湾のテレビ局に自ら乗り込み企画提案をして放送枠を無償で獲得した。各国の素人がヒット曲を歌うタレント発掘オーディション番組**「アジアバグース」**をシンガポールで収録して、92年4月から始めた。それぞれの国での放送は人気を博し8年間続いた。

徹底した革新路線と「エセ教養主義」

金光には、当時の普通のテレビ番組が古くてカッコ悪いものに映っていた。時代の先端をとらえていたのはカルチャー雑誌だと思っていた。ただ振り返ると、「今では絶対無理な乱暴な番組がよく実現したものだ」と、勢いのある時代だったことを認める。

90年代半ば、入社試験の面接をしていると、受験する学生が口にする作りたい番組は、フジテレビの深夜番組ばかりになっていた。

社内横断の若手たちの発案によるプロジェクトでフジテレビと小学館が共同製作した原田知世主演の映画**「私をスキーに連れてって」**の原作は、監督を務めた**馬場康夫**（64）が代表を務める**ホイチョイ・プロダクション**によるものだった。87年に公開され、映画はヒットした。当時、金光は総合開発局開発企画部、小牧は編成部に所属し、ともに映画づくりに関わった。

こうした縁から、ホイチョイ・プロダクションは「マーケティング天国」などの番組づくりに関わるようになった。

88年10月、2代目の「深夜の編成部長」になった小牧は、採用する基準を「史上初であること」に置くとともに、前の番組はやめて「すべて変える」と宣言した。

さらに、深夜番組の特徴を「エセ教養主義」と名づけた。エセ教養主義とは、学校の授業で習うことを番組テーマにするが、実際に教養が身につくわけではないという意味合いだった。したがって、数学や哲学といった民放の地上波ではまず扱わないとっつきにくいテーマも積極的に取り上げた。
当時の深夜番組の制作費は、平均すると30分で150〜250万円だった。50万円しか予算がなければ、会議室で収録した。スポンサーが1社で提供する番組は一つか二つしかなかったという。

放送時間帯を変えながら長く続いたドラマ**「やっぱり猫が好き」**を始めたのは、日本にないシチュエーションコメディーだったからだ。もともとは姉妹とおばの設定だったが、姉妹役だった森下愛子が病気になったため初回だけで降板、3姉妹（もたいまさこ、室井滋、小林聡美）に切り替えた。
小牧は「どうせ誰も見ていないだろうと、プロデューサーが2話から設定を変えることを決めました。6話ぐらいから担当になった当時無名の**三谷幸喜**さんの脚本が抜群におもしろくて、役者も作品の空気をつかんだようでしたね」と話す。

「マーケティング天国」では宣伝に来る芸能人は一切登場させず、ナレーションにはニュースしか読んだことのない女性アナウンサーを起用した。ただ、際どい内容が波紋を呼んだことがあった。88年12月初め、テレビ番組のゴールデンタイムの年間視聴率を取り上げたとき、「TBSと競っていたフジテレビのトップは絶望的になりました」という小牧が手を入れたコメントにフジテレビ会長代行の**鹿内宏明**（73）が激怒し編成の責任問題に言及、社内は大騒ぎになった。

重村は小牧を怒りはしなかった。しかし、オリエント急行を国内で走らせる自社イベントの開局30周年記念イベントの番組に差し替え、有力な特番を12月に投入するなど営業やネットワークなど他部門の協力を得ながら総力をあげてTBSを逆転、年間首位を確保した。この年の6月に社長に就任したばかりの**日枝久**（80）＝現・取締役相談役＝のもとで、6年間続けてきた三冠王の陥落を避けたいという現場の意思も反映されていた。

土曜午前2時からスタートした「夢で逢えたら」

ウッチャンナンチャン、ダウンタウン、清水ミチコ、野沢直子が出演したバラエティー番組**「夢で逢えたら」**が始まったのも88年10月だった。人気の芸人6人がコントやドラマ、歌、踊りを披露し、若者の視聴者をつかんだ。

ちょうどこのころ、重村に営業担当の専務から「ソニーに比べて若者向けのオーディオなどで後れをとっている松下電器産業から、フジテレビで若者の人気を集められる番組を提供したい」という話が持ち込まれていた。松下では副社長がトップとなって広告会社も入ったプロジェクトが組まれ、重村は大阪で隔週開かれる会議に出席していた。企画を求められた重村は「ハチャメチャなバラエティーですが、『夢で逢えたら』はどうですか」と、ビデオを見せながら提案した。会場はシーンとしたが、副社長が「いいじゃないか」と発言、番組提供が決まった。

土曜午前2時の放送だった「夢で逢えたら」は、89年4月から土曜午後11時30分へと移動した。制作費は大幅に増え、オープニングの主題歌はサザンオールスターズが担当した。そして、スポンサーを伝える画面では「Presented by Panasonic」という表記が初めて採用された。

人気を集めた深夜番組がプライムタイムなどに引き上げられる選択を、小牧は「あり」と思う。その半面、移ったあとに期待された成果が出ずに打ち切りになる例をしばしば目にしてきた。小牧は**「制作費が多くなり、つい視聴率を取りに行こうとして、番組の内容**

を変えると、だいたい失敗する。とんがった部分を切り捨て、余計なところにお金をかけて、制作者の意識が丸くなると、うまくいかない」と指摘する。

小牧自身、89年10月に始まった深夜番組**「奇妙な出来事」**を、半年後、ストーリーテラーをタモリに依頼した「世にも奇妙な物語」として午後8時放送にしたことがあった。制作費がなければタモリの出演がかなわなかったのは確かだった一方、深夜で担当していた斉木しげるのファンの怒りを買ったことも忘れられないでいる。

メジャーになった「深夜番組」は「普通の番組」に

80年代後半、バブル経済のころ、サブカルチャーが花開こうとしていた。自動車ならトヨタが一番売れていたが、ホンダが個性をアピールしていた。百貨店は三越が売り上げでは大きかったが、西武が流行を発信していた。テレビでいえば、老舗のＮＨＫ、ＴＢＳに対しフジテレビが席巻していた。小牧は**「後発のサブブランドが力をもっていく時代だった。**フジの社内でもゴールデンタイムのブランドの番組に対して、深夜番組がサブブランドとして登場した」と分析する。

フジの深夜番組への反響を見た他局も刷新に乗り出した。視聴率でいえば、生放送が多かったテレビ朝日**「プレステージ」**などに比べて下回ることも少なくなかった、という。フジは視聴率よりも話題性、番組の完成度にこだわっていた。

ところが、関東ローカルのみ、1年交代だった「深夜の編成部長」は成功を収めながら、8年半後の96年4月に廃止される。

小牧は「深夜番組が営業面も含めメジャーになっちゃった結果、芸能プロダクションや俳優、監督ら誰もがやりたがるようになった。そうなると、それぞれの意向が入るわけですよ。メジャーになって、便利づかいされるようになりました。**結果的に普通の番組になってしまい、ゴールデンタイムと区別がつかなくなってしまった。僕らがやりたい企画を好き放題に放送した解放区ではなくなったのです**」と語った。

フジテレビの深夜番組しか見ないと言っていた人間が、かつてはいっぱいいた。そうした集団の姿が消えて久しい。

「探偵！ナイトスクープ」の三つの発明

関東でフジテレビの深夜番組が若者から支持を得たころ、関西では幅広い世代から人気を集める深夜のバラエティー番組が誕生していた。朝日放送が1988年3月に始めた**「探偵！ナイトスクープ」**（金曜夜11時17分からの55分番組）は放送から30年を超え、いまも高い視聴率を誇る。

プロデューサーとなる**松本修**（68）は副社長から指名されて若者向けの番組開発を命じられ、ディレクターと打ち合わせを重ねていた。視聴者からの依頼に基づいて街で調べ回って報告する、というアイデアがひらめいた。ディレクターが「調べるのは探偵の仕事ですけどねぇ」とぼそっと言ったとき、シャーロック・ホームズの姿が思い浮かび、企画の全体像と書斎兼応接間のセットが一気に導き出された。

作り手が一緒にバカになる番組

「85年秋に阪神タイガースが優勝した夜に道頓堀に沈んだカーネル・サンダース像を救え」から**「青バナ小僧はどこへ行った？」「ポン菓子はどこへ」「ネギを食べたらリカちゃん人形の味がするのはなぜか」**まで、想像を超えた幅広い依頼に取り組んだ。幼稚園の同級生だった美人の女の子を捜してほしいという19歳の学生が申し込んできた**「子供美人はどこに」**は、依頼者の強い思い入れが引きつけた。

「おならは燃えるの？」では、探偵役の北野誠と男性依頼者が自分たちで燃やそうとしたが失敗。同情した大阪の主婦やOLら十数人のアイデアを得た結果、お尻の近くにライターを持っていき、おならを連発したところ火が点いた。みんなが抱き合って喜ぶ場面が放送された。

他方、楽器を何ひとつ弾けなかった少女が淀川の河川敷などで1日14時間の猛練習した末にステージで披露する**「ウクレレ少女」**、大阪から祖母のいる愛媛まで中学2年の女子が一人旅する**「素晴らしき車椅子の旅」**といったヒューマンな作品もある。

「探偵！ナイトスクープ」の探偵局長の西田敏行（中央）と探偵の芸人たち＝2018年1月　©朝日放送テレビ

視聴者から届く依頼の応募数は毎週400～5000通。これまでに調査した案件は5000件を超えるという。依頼を受けて、探偵役のお笑い芸人が調査するため訪れる依頼人や関係者とのやりとりが、爆笑を誘う。飾り気なくボケたり突っ込んだりと、芸人に負けないおもしろさを誇る関西人の話術が魅力となっている視聴者参加番組でもある。

当初、社会のナゾを解き明かすドキュメンタリーふうの番組をめざしていた。ところが、依頼に映し出される個人的な思い入れのおもしろさに松本は気づき、依頼者を積極的に登場させるようにした。

「素人」のバカバカしいほどの真剣さが笑いを誘うことを発見したのだった。

番組づくりで一貫させているのは、依頼者をオモチャにして笑いを取らないことだ。 依頼者と探偵、ディレクターが一緒に楽しみながら、予定調和でない解決を目指していく。バカを笑いながら、ときに感動が混じるのは30年間変わっていない。

作り手が上から見下ろすのではなく、自分から下りていってバカになっていった。「そこまでしなくていいから」と言われるほどの誠意を尽くし、あふれる愛情で笑いの素材に取り組んだ。松本は **「『ナイトスクープ』はテレビ史上の革命だったかもしれない」** と自負している。

人気を集めた番組を分析する松本は辛辣だ。**「ザ!鉄腕!DASH!!」**（日本テレビ）は「人助けしないと、笑いには勝てないと思っている」。**「ガッテン!」**（NHK）は「知識をいっぱい提供しないと笑いに勝てないと考えている」。00年から05年まで放送された **「プロジェクトX」**（NHK）についても、「感動的にするために作りすぎていた。フィクションとしてはおもしろかった」。

いまのテレビ番組にないのはオリジナリティーと感じている。「ヒット番組の売れている要素と売れているタレントを集め、上手にコーディネートするとそこそこの番組ができて、9割はヒットします。少しまずくても7、8割は当たる。しかし、冒険するとヒットの確率は5割以下。こうしたデータ主義で番組が作られている」

ナレーションを一切入れず

松本は「ナイトスクープ」には番組制作における三つの発明があった、と説き明かす。

まず、**二つの目で見せること**だった。探偵が調べた内容をビデオ映像にして依頼者に見せる。そのあと、探偵局長（初代は上岡龍太郎）がそのビデオを評価する目線を設けるという二段構えとなったのが、これまでのテレビではなかったという。通常の番組内ビデオは視聴者に見せて終わり、となっていた。

次は、**徹底したディレクター主義**。放送するネタは応募のあった依頼からディレクターが自分で取り上げたいものを勝手に選ぶ。ディレクターが独自の空間を責任をもってこじ開けることになる。その結果、ドキュメンタリーが笑いの世界に持ち込まれた。

三つ目は、**ナレーションを一切入れなかったこと**だ。映像だけで表現する自信がないから、ナレーションや音楽で伝えたいことを強める、と松本は考えている。視聴者が想像力を働かせながらストーリーを追いかけていく構成にするために、ナレーションはあえて入れないようにした。

聞き取りにくいせりふの補足から生まれた「テロップ」

新しい試みに積極的だった姿勢は、前例のないものを生み出していく。放送開始から3カ月後の88年6月、**「宝くじはどうすれば当たるか?」**という依頼があったとき、宝くじ売り場でおじいさんが泣き声で「難民に寄付しまんねん」と答えた。聞き取りにくかったため、テロップで「難民に寄付する」と画面に出した。

松本は「めちゃくちゃわかりやすい」と絶賛、**テロップでせりふをフォローする手法が使われるようになった。**翌7月には、**「喫茶店や居酒屋で女客は何を話しているのか?」**の依頼の際、生々しい会話をモザイクをかけながらテロップで伝える手法が用いられ、新たな笑いの武器になった。松本は「90年代半ば以降に東京でも取り入れられ、日本テレビの人が『ツッコミをテロップにした』と紹介される例がありましたが、間違いです。最近は意味のない場所でもテロップが使われている」と指摘する。

その一方で、「ナイトスクープ」の新しさを感じ取って番組づくりをした、と松本に伝える作り手もいる。99年から始まったフジテレビの情報番組**「とくダネ！」**のプロデューサーは「おどろおどろしいワイドショーではなく、小倉智昭キャスターにリポーターがプレゼンテーションする形式にした」と言われた、という。

最初の1年ほどは視聴率を二ケタに乗せるのに苦心した「ナイトスクープ」だが、若者の視聴者をつかみ2年目には10％を超えることが増えた。91年に20％、92年に25％を記録、94年12月に30％を達成した。しかし、スタートから探偵局長であり司会を務めた上岡龍太郎が、２０００年４月に辞めて司会者を置かなくなると急落した。もともと上岡の出演を想定し、その毒舌を生かそうと企画しただけに、後任はすぐには思いつかなかった。

翌01年1月から後任に番組のファンだった西田敏行を起用してから23％に戻った。その後20％を切るようになり、最近は15％前後だが、同時間帯では断トツの占有率は変わらない。これまでの平均視聴率は19％を誇る。

ＹｏｕＴｕｂｅで外国語の翻訳つきの映像が拡散され、海外で「ナイトスクープ」を楽しむ動きがある。18年初めごろには、ドイツ人のカップルが大阪市の朝日放送（現・朝日放送テレビ）をわざわざ訪ねてきた。

最近目立つ依頼は、家族関係の難題だ。「父と母が23年間しゃべっていない」と解決策を求める依頼が寄せられた。「小さいときに母と離婚した父に会って、孫の顔を見せたい」といった依頼は多いが、採用できない。父親が再婚していることが少なくなく、相手の家族を考えると放送できないためだ。

たけしら「お笑いの天才」が出現しなかった平成時代

72年に入社して以来、バラエティー番組をずっと担当してきた松本から見たテレビの平成時代は、笑いの天才が1人も出現しなかった30年間だった。

いまも活躍するお笑い芸人の天才は、いずれも昭和50〜60年代に登場した。ビートたけし、明石家さんま、タモリ、笑福亭鶴瓶、ダウンタウン、そして消えた島田紳助。彼らはライバルであり、トップを目指して闘っていた。いま引っ張りだこのマツコ・デラックスはキワモノと位置づける。池上彰や林修といったお笑い以外のカリスマがゴールデンタイムの中心となり、主役が入れ替わったと見る。

ただ、他の分野でも歴史的に振り返ると、天才が集中的に出現して空白の時期が生まれることがあった、と松本は指摘する。「クラシック音楽でいえば、バッハ、モーツァルト、ベートーベンが続いたあと超える人が現れなかった。戦後の日本映画でも、黒沢明や小津安二郎らの巨匠のあと、匹敵する監督は出ていません。天才はゼロから作り上げ完成させる。あとから来る人は天才の7割、8割まではいくが超えられない」

松本自身はテレビ界の一番を目指し、もがいてきた。入社したときは**「8時だョ！全員集合」**（TBS）に負けない番組を作る、と志を立てた。その後に登場した**「パンチDEデート」**（関西テレビ）と**「プロポーズ大作戦」**（朝日放送）に発奮、**「ラブアタック！」**を企画し実現させた。しかし、その後に世の中を席巻したのは**「オレたちひょうきん族」**（フジテレビ）だった。つねにバラエティーのトップになって勝つために過ごしてきた。

「ナイトスクープ」で脚光を集めた企画として、91年5月に放送された**「全国アホバカ分布図の完成」**がある。「関西のアホと関東のバカの境界線は？」の依頼に答えるため、全国の自治体にアンケートし、アホ・バカを意味する「タワケ」「ダラ」「アンゴ」などの方言を調べた結果、京都を中心に十数の同心円を描いて分布していることを突き止めた。

91年度の日本民間放送連盟賞のテレビ娯楽部門最優秀に選ばれただけでなく、方言の学会からも評価された。松本は93年に『全国アホバカ分布考』を出版するとベストセラーになった。言葉へのこだわりと論考を重ねた松本は、「女陰」と「男根」をテーマにした『全国マン・チン分布考』（集英社インターナショナル新書）を18年10月に出版した。


09年に定年になったあと5年間は大阪芸術大教授を務めながら契約社員として「ナイトスクープ」の番組づくりに携わってきた。いまも、スタッフの1人としてご意見番を担い、毎週月曜日の会議に出席し、隔週金曜に収録される本番前日には現場に立ち会っている。

テレビ番組への愛情を込めてメッセージを寄せた。**「秀才はテレビ局に入ってこそクリエイティブ集団なのだ」**

しないでほしい。バカと天才が集まってこそクリエイティブ集団なのだ」

前例ないおもしろさ求めた「イッテQ」の登山

1988年5月5日、世界最高峰のチョモランマ（エベレスト）からの初の生中継を成功させたのは日本テレビだった。登頂した日本・ネパール・中国3国友好登山隊（日本山岳会、日本テレビなど共催）の12人にテレビ隊3人が含まれていた。**「世界一高い頂からのパノラマ衛星生中継」**という開局35周年記念事業を実現させたのだ。

この快挙から26年後の2014年、日テレの伝統を受け継ぐという使命を受け、バラエティー番組**「世界の果てまでイッテQ!」**は、タレントの**イモトアヤコ**（32）を再び世界最高峰に立たせようとしていた――わけではなかった。

「イッテQ」が始まった07年2月から総合演出を務める情報・制作局チーフディレクターの**古立善之**（44）が、番組に登山を取り入れたのはバラエティーの素材にならないだろうか、という発想からだった。ずっと登っているだけで単調だから、バラエティー向きではない、と言われてきた。

しかし、司会進行の**内村光良**（54）が番組カレンダー撮影のため09年暮れの冬の富士山に挑んだとき、古立は確信した。「山には個性がある。一つひとつ登っていく価値がある」。もともと、「冬でも富士山は登れるのかな」と考えたところから始めた企画だったが、テレビが伝えていない世界を見つけたのだ。

予定調和のない大自然が視聴者を引きつける

零下20度、風速20メートルの冬の富士山山頂は、登山の専門家にとって「そよ風」らしい。しかし、慣れない素人には長く滞在できる環境ではない。専門家の指導のもとで訓練を受けたうえ、徹底した安全対策を講じて取り組むことにした。「安全第一」に、いくじなしと思われるくらいの慎重な判断のもと、カメラを担当するプロの登山家ら専門家とともに山頂を目指すことにした。雪道を外れて100メートルほど先回りし登山隊の映像を撮ってまた戻るというカメラ撮影は、素人にはできないのだ。

09年にアフリカのキリマンジャロに登り、海外ロケで体を張るイモトが本格的に山登りに挑戦することになった。10年には欧州のアルプス最高峰モンブランに登頂。12年の南米大陸最高峰のアコンカグアでは天候悪化のため頂上まで200メートルの地点で断念した。その後、欧州のマッターホルンとヒマラヤのマナスルに登頂した。そして14年5月に山頂を目指しエベレスト登山の準備をしていたが、4月の雪崩でシェルパ（ネパール人ガイド）が16人死亡する事故があったため中止を決断した。しかし、登山部の活動は続き、北米のマッキンリー（15年）、欧州のアイガー（16年）、南極のヴィンソン・マシフ（17年）と高峰の制覇を成し遂げてきた。

抜群の運動神経を見せてきたイモトが極限のなか、弱音を吐いたり強がった言葉を発したりする姿が映し出される。「珍獣ハンターイモト」の担当だったことから登山に参加した体重約100キロというディレクターの**石崎史郎**（39）が、キリマンジャロやヴィンソン・マシフでは脱落すると、石崎の分までと奮起するイモトの姿も伝えられた。

古立は登頂にこだわっていたわけではない。ただ、ドラマが必ず起きるだろうと見込んでいた。実際に、**バラエティー番組では見たことのない光景に視聴者は引きつけられ、段取りをつけられない大自然相手の挑戦にハラハラしながら見入った。**

知名度のないタレントだからこそ新鮮さがある

「イッテQ」で動物ものの企画を考えていた古立が、オーディションで見いだしたのがイモトだった。100人以上集まった応募者の中で、言葉の返し方が際立ち、体力もあった。ワタナベエンターテインメントの養成所を終えたものの、365日間スケジュールが空いていた無名の大学生を抜擢した。

古立が**「進ぬ！電波少年」**などのディレクターだったとき、2人組音楽ユニット**「ブルームオブユース」**のロシア横断、お笑いコンビ**「Rマニア」**のインドからインドネシアまでのスワンボートの旅に同行ロケをした経験から、イモトの才能を感じ取っていた。イモトは自分の体に生肉をつけてコモドドラゴンと競争したり、チーターと並んで100メートルを走ったりと、前例のない映像の被写体となった。古立が「期待以上」と語る活躍で、「イッテQ」の顔となった。

やはり番組の初期から「お祭り男」として出演を続ける**宮川大輔**（46）も、古立が吉本興業での舞台を見て起用を決めた。話術や表情、間がいずれも抜群におもしろかった。「できあがった人はいらない」を信条とするのは、新しいキャラクターをいかに出し続けられるかが番組にとって重要と、古立が考えているからだ。

視聴者が知らない新しいタレントを、日曜夜8時という注目度の高い番組の画面に出すのには勇気がいる。知名度はない出演者でも、おもしろく、かわいく、愛せるようにいかに思わせるか。**テレビは、地球のあらゆる場所にカメラを入れて見せてきた。初めての企画というのもほぼない。ただ、やる人間がちがうと、新しく見えてくる、と信じてきた。**

子どものときに見ていたドキュメンタリー**「野生の王国」**（毎日放送）で描かれる人と動物の営みが古立の記憶に強く残っていた。イモトを絡ませることで、過去の野生動物の映像を子どもに届けられる、と考えたのだ。

とはいえ、人気を呼んだ企画をずっと続けていけば、あきられる。サプライズが必要という。3カ月に一度は、これまで登場していない人や新しい企画を出すようにしている。俳優の**木村佳乃**（42）や**草刈正雄**（66）のおもしろい側面に注目し、出演してもらった。バラエティー番組に縁遠そうな俳優を起用したのは、手に届きそうなところで番組を作っているとと、個性を出せないという信念からだ。かつて仕事をしたコメディアン**萩本欽一**（77）から「番組をヒットさせようとすれば、遠いところから人を連れてこい」と言われたことが耳に残っている。

「イッテQ」に出演するタレントは、視聴者にとって毎週会える友達のような存在だ。そのためには出演者のキャラクターを動かし、新鮮な面を映し出さないといけない。例えば、イモトがファンだった引退する歌手の**安室奈美恵**（41）に会いに行くといった仕掛けを考えた。

古立が心がけているのは、ロケ隊が海外から東京に帰ってきたときに、「どうだった？」と結果を聞きたくなるようなネタだ。イモトが登頂に成功したのか、宮川が祭りで優勝したのか、お笑いトリオの森三中がバンジージャンプを跳べたのか。大当たりもあれば、ハズレもある。**現場で何が起こるかわからないという「余地」を残す企画でないとつまらない。制作者の計算通りの笑いが取れたとしても、ロケ現場で神様が舞い降りる余地がないネタは、それ以上でもそれ以下でもない、と考えている。**

宮川が登場する「世界で一番盛り上がるのは何祭り？」の台本部分には、「結果をお楽しみに」としか書かれていない。「パパラッチ出川」の企画では、タレント**出川哲朗**（54）が世界のセレブと2ショット撮影の合意を取れるかどうかは出たとこ勝負だ。

チャレンジ精神がオンリーワンを生む

古立の役割である「総合演出」は、番組で画面に出るものについてすべて責任を負う。10人ほどいるディレクターが作ったVTRビデオをチェックし、ナレーションや音楽を古立の基準に合わせて編集する。それぞれの企画の放送時間や順番を決めて調整する「尺あわせ」もずっと担っている。「イッテQ」の編集部屋のある東京・汐留の日本テレビ本社近くの雑居ビルで、作業に没頭する。合宿所のような編集部屋では、日本テレビと制作会社のディレクターたちが「これでは『イッテQ』にかけられない」「今度はこうやった方がいい」と互いに言い合い、切磋琢磨しているという。

古立は「イッテQ」のほか、月曜深夜の**「月曜から夜ふかし」**と土曜夜9時からの**「嵐にしやがれ」**でも総合演出を務めている。それぞれの番組の収録に加え、打ち合わせと編集作業、効果音や音楽、ナレーションを映像に加えるMAに追われる毎日だ。

職人芸的な仕事は、入社した97年からずっと担当してきたバラエティー番組で先輩から引き継いできた。「人を集めコーディネートし、コンセプトを伝えるだけといった仕事のしかたはしない」と言う。「イッテQ」は**「天才・たけしの元気が出るテレビ!!」**から**「電波少年」**を経て続くドキュメントバラエティーの系譜を継いでいる。

過去にどこかで見たものをベースにした企画からは「オンリーワン」の作品は生まれないという確信がある。その古立が最近よく見るバラエティー番組はNHK**「ブラタモリ」**だ。

多くのバラエティー番組が「みんな見たいでしょう」「これはお好みでしょう」と、世の中の価値観を推し量って以前に見たことがあるものを放送しているのとは対照的だからだ。熊本城の石垣がどれだけすごいのか、関門海峡はどうなっているのかといった誰も扱わないテーマをあえて取り上げ、知的好奇心をくすぐる娯楽番組に仕上げているチャレンジ精神に共感している。

多メディア化、ネットの動画配信など、テレビを取り巻く環境は大きく変わり、総世帯視聴率の低下が叫ばれているが、古立はどこ吹く風だ。

「視聴率が15％としても残りは85％もある。頑張らないといけない余地はいっぱいある。メディア環境の変化はまったく意識しない」。自分がドキドキして作っていておもしろい。どう転ぶかわからない。古立の制作の基本姿勢は、入社してからずっと変わっていない。

固定観念排し「水曜どうでしょう」は成功

ローカル局の番組といえば地方密着なので、地元色を打ち出す。しかも、予算が潤沢といえないので、派手な企画は敬遠する。

こうした既成概念を消して制作、全国区の番組に成長させ、DVD販売で多額の収益を上げたのが、北海道テレビ放送(HTB、テレビ朝日系)の深夜バラエティー**「水曜どうでしょう」**である。1996年10月に始まり、再放送を繰り返しながら新作やファン向けのイベントも手がけ、地方局の成功モデルとなっている。当初からディレクターを務める**藤村忠寿**(53)=現・コンテンツ事業室エグゼクティブディレクター=は明快に語る。

「ローカル局はお金がないのでロケしようと思ったって、札幌のすすきのとか大通公園とかチョコチョコと何かやって帰ってきて作っている番組がほとんどだった。若い視聴者はすすきの云々といった瞬間に見ない。僕はラテ欄に派手なことを書きたかった。例えばアメリカ横断ぐらいのことを書けば、見てくれる可能性は高くなる。そこで、出演者2人と

「水曜どうでしょう」に出演している大泉洋（右）と鈴井貴之。DVDは2018年にも発売された　©北海道テレビ放送

カメラマンを兼ねたディレクター2人の計4人という最少人数で海外に行くことにした」

行きたい場所へ行き、運任せのロケ

行き先は藤村の希望でオーストラリアに。番組開始から3カ月後の97年1月に実現させた。レンタカーを借り、出演者の**大泉洋**（45）と**鈴井貴之**（56）を含め交代で、ダーウィンからアデレードまで3700キロの道のりを砂漠の真ん中を突っ切り、4日間で縦断した。

旅をする道外ロケの行き先も、番組内

で振るサイコロの目に書かれた場所にした。同じ時間帯で放送されていたフジテレビ系、松本人志の**「一人ごっつ」**に対抗するため、キー局と同じ土俵で勝負しようとしたのだ。番組名は日本テレビ系「水曜ロードショー」をもじったふざけたものだったが、同局の深夜番組**「モザイクな夜」**で注目していた大泉を前面に出し、構成作家でもある鈴井も出演するようにした。道中のやりとりを含め、出演者とディレクターの関係も示しながら伝える素顔の部分に視聴者が反応した。99年には18%を超える最高視聴率を記録した。

2002年に大泉、鈴井らとやはり4人でベトナムを原付バイク2台で1800キロを縦断したときも、民生用のホームビデオで大泉と鈴井の背中から撮影する臨場感が引きつけた。人気は口コミで伝わり、道外の放送局への番組販売が相次いだ。07年には、福井県を最後に、47都道府県を「制覇」した。

固定観念を排した制作手法で人気番組にした藤村の判断基準は、自分にとっておもしろいかどうかだ。北海学園大の学生だった無名の大泉について感じた「おもしろい」という確信だった。当時、注目していたバラエティー番組はTBS系**「ウンナンの気分は上々。」**

だ。いまは日本テレビ系**「世界の果てまでイッテQ！」**を楽しみながら見ている。**30分番組で制作費が数十万円という制約のなか、こぢんまりまとまることなく、行きたい場所に向かい、運任せの旅のロケに興じた。**だから、毎週のレギュラー放送が終わる2002年9月まで、マンネリを恐れず、自分の感覚を信じて制作を続けた。おもしろい作品を作れば、視聴率はついてくる。その決め手となるのは、出演者と制作者のセンスと考えている。

疲弊したら番組を休止したっていい

番組が始まって以来、海外ロケを含めずっとパートナーとなっているもう1人のディレクターは、制作会社HTB映像の**嬉野雅道**（59）だ。番組には藤村や嬉野も登場、大泉、鈴井との4人の人間関係が視聴者に伝わってくる。

ときに声が入る程度だったのだが、97～98年ごろにあった宮崎でのロケで料理が出されたとき、藤村は「それ、本当においしいのか？」と聞いた。すると、カメラを撮っていた嬉野と藤村が手を出して、パンを食べ、藤村が「あっ、たしかにうまいな、これ」と言った。予定した演出ではなかったが、藤村は札幌に帰り画面で確認したとき、ディレクターがしゃべることがリアリティーをもたらすと気づいたという。「タレントが『うまい』というより、僕らが手を出して食べ『うまい』と言った方が、視聴者はたぶん信じる、と思った」

藤村は言う。「**おもしろいものをなぜ変えないといけないのか、おもしろいものは何回やってもいいですよという単純な気持ちが強かった。マンネリは恐れない。**開始から3年ほどして設けた番組のホームページに書き込まれた視聴者の反応を注意して見ていた。視聴率だけではお客さんの姿は見えない。視聴率の数字が1回、2回下がったぐらいで大丈夫だろうかと不安になりテコ入れするのはよくない。リセットして作り直すのは、相当の力がいる。一時的にヒットするよりも、定番を長続きさせる方が強く、稼げる」

00年を過ぎたころ、編集に時間がかかったとき、6回放送したあと2回休止したことがある。「休んで大丈夫か」と心配する周囲に、**「忙しくなりすぎて作れなくなるのが一番よくない。いいペースで楽しみながら作るためには、休みながらがいい」**と答えた。レギュラー番組を休止するディレクターは他にはいない、と思う。ただ、疲れているのに、なぜ休もうとしないのか、という疑問はいまも持ち続けている。

6年間の放送を全力で続けてきたが、藤村はバラエティー以外の分野も手がけたい思いが募っていた。大泉や田中裕子らが出演、市民コーラスグループを舞台に立川志の輔の新作落語をドラマ化した**「歓喜の歌」**を08年に演出した。09年にも父と息子を通じ北海道の現状を描いた主演・安田顕のドラマ**「ミエルヒ」**を演出、多くの放送コンクールで受賞する評価を受けた。その後も、舞台に出演したり、東京のラジオ番組でＤＪをしたりと、活動の場を広げている。

様々な分野に手を広げ感じるのは、「ディレクターの仕事とは現場の空気をつくること」という確信だ。「水曜どうでしょう」のときから思っていたことは、ドラマでも共通していた。現場を預かるなか、出演者が力を出せる環境を整えることこそが、ディレクターの役割と考えるようになった。**視聴率の高さと、番組のおもしろさは関係ないのではないか、と最近は思っている。**

ただ、お金と手間をかけゼロから作品を生み出すドラマはテレビ局が作らないとダメだと痛感した。芸人をお手軽にひな壇に集めるだけのバラエティー番組を繰り返していては制作力が失われる、と思えてならない。

DVDの売上累計は180億円

レギュラー放送が終わった02年以降、水曜深夜に「水曜どうでしょう」は**「リターンズ」**や**「クラシック」**と銘打ち再放送をしていて、今は5回目という。同時に、藤村は収録した映像を再編集して作り直した、放送内容と異なるDVDの制作に取り組んだ。副音声をつけたり、特典映像を設けたりと手間をかけた。

03年から発売すると、放送を見た人も購入してくれた。**年2巻のペースで、これまでに28弾で累計約450万本が売れた。1本約4000円、売上総額は約180億円に達している。**ＤＶＤはあと2、3巻の発売を予定している。ＹｏｕＴｕｂｅなどの無料動画が広まるなか、ＤＶＤの売り上げ減が指摘されているが、「水曜どうでしょう」では固定ファンだけでなく、再放送で増えた新しいファンも加え、堅調のようだ。

広告収入の頭打ちから新たな収入源の開拓に躍起の地方局にとって、キー局に頼らない低予算の独自番組で人気を集め、二次利用で収益を上げるというHTBの「水曜どうでしょう」は理想像だ。

だが、当の藤村は冷ややかに見ている。「ローカル局の人はローカル番組を作る、と思っている。シンプルにテレビ番組を作ると考えれば、もっとおもしろくなるはず。いまはどこも似たり寄ったりの番組になっている。ローカル番組というカテゴリーの中で番組を作っているかのようだ」

もう一つ気がかりなのは、物づくりの自由な環境がなくなってきたことだ。許可を取らずに可能だった列車内の撮影はいまは許されない。藤村自身が変わったとは思わないが、時代がどんどん変わってきているように感じる。**コンプライアンスが強く求められるようになった。何か起きると、ネットですぐたたかれる。制作者は注意されないよう、萎縮しているように映る。**藤村も、列車内の撮影はやめて、他の場所でと考えるようになった。

こうした風潮を藤村が実感した事件は、07年に起こった。00年に放送された「水曜どうでしょう」の企画「原付西日本制覇」で、国立公園の鳥取砂丘で出演者が砂を袋に入れバイクに積んで走るシーンについて、自然公園法違反にあたると指摘があり、HTBがおわびしたのだ。道内では07年5月にリメイク版が放送された。

藤村は18年9月から11月にかけ、HTBの開局50周年ドラマ**「チャンネルはそのまま！」**の監督の1人として、収録に追われた。10月にちょうど局舎が移転、旧社屋で撮影にあった。HTBをモデルにしたといわれる、札幌在住の漫画家佐々木倫子の原作を、芳根京子の主演で5回の連続ドラマにした。謎の採用枠「バカ枠」で入社した報道部の女性新人記者を主人公にした作品だ。大ヒットしたフジテレビのドラマ、映画**「踊る大捜査線」**シリーズで演出、監督だった本広克行が総監督となり、嬉野はプロデューサーを務めた。

HTBは動画配信大手のネットフリックスに話を持ちかけて制作費を捻出するとともに、19年3月にネットフリックスで配信したあと、HTBで同月に放送する予定だ。ネットフリックスでは「水曜どうでしょう」を配信したつながりもあった。藤村は「地方局の規模ではできないドラマにすることができた。ネットフリックスが地方局のドラマを配信するのは初めてではないか」と話している。

会社から要望されたことはほぼ引き受けてきたという藤村がいま夢見ているのは、怪獣映画の監督をすることだ。ゴジラやガメラが登場するような大がかりな作品をいつか手がけたい、と考えている。

インタビュー02
大場吾郎さん（佛教大学教授／日本テレビ元ディレクター）

「番組の海外展開の潮流」

――テレビ番組の輸出が注目されています。

「1960年代に番組販売や番組交換が始まったのは、国際的に認められることへの機運が高まっていたからでした。利益よりも、とにかく海外に番組を出すことが目標となり、日本を他国に理解してもらうためにも、海外展開することは良いことだという考えでした。国内向けに放送したものを二次利用として海外に提供するという姿勢でした」

――その後も順調だったのでしょうか。

「採算性という視点では、国際市場で競争力のある番組は限られており、壁にぶち当たりました。アニメでは60年代に『鉄腕アトム』などがアメリカに販売され、70年代になるとヨーロッパやアジアにも広がりました。中国では80年代に広まったようですが、『一休さん』などはいまも人気のあるキャラクターとなっています。ただ全体としては国内の放送産業が順調に成長していたこともあり、海外展開にさほど積極的とはいえず、低迷期が続いたといえます。一方で、ＴＢＳのバラエティー番組『風雲！たけし城』のように、企画や演出方法とセットで売るフォーマット販売も出てきました」

――注目した海外展開はありましたか。

「90年代初頭以降にアジアで日本のドラマブームが起きたことです。香港のスターＴＶというアジア向けの衛星放送で日本のドラマが放送されるようになり、広がりを見せました。フジテレビの『東京ラブストーリー』が大ヒットし、同じフジの『１０１回目のプロポーズ』や『ひとつ屋根の下』が続き、中華圏の若者に人気を呼びました。ストーリーや世界観が共感を招いたうえ、形成されてきた中産階級のライフスタイルにフィットしたもので、日本の放送局が積極的に売り込んだ成果というわけではありませんでした。しかし、00年代に入ると、日本のドラマブームは過ぎ去りました。韓国や台湾など他国のドラマ制作力が上がった一方で、日本のドラマは費用対効果の悪さが買い手に敬遠され始めました。

ドラマの内容も、夢を見るよりも現実に向き合う作品が多くなったためか、アジアではあまり見られなくなりました。日本の視聴者に受けるものと、アジアの視聴者に受けるものが離れてきたのでしょう」

――海外展開のポイントはどこにあるのでしょうか。

「日本でギャラクシー賞を取ったからといって、海外で評価されるとは限りません。番組内容のクオリティーと海外での商品力は別物です。一方、２０１３年にフジテレビのＣＳ（通信衛星）チャンネルで深夜に放送されたドラマ『イタズラな Kiss~Love in TOKYO』は国内よりもアジアの中華圏で大きな反響を呼びました。もともとは違法動画で視聴されていたのですが、人気に火がついたとき、フジが正規のネット配信に切り替えました。このようなスピード感は大切でしょう。

また、アニメは子ども向け番組における基準が日本とは異なるため、暴力シーンが欧米などでは問題視されることがありましたが、テレビ東京の『ポケットモンスター』の成功が大きかったと思います。海外でもキャラクターグッズやゲームの売り上げにつなげ、番組そのものでなく知的財産としてのビジネス展開ができることを示しました。いずれにせよ、日本の番組の知名度は国内以上に海外では低いため、マーケティングに力を入れていかなくてはいけないのは確かです」

――現状の日本のテレビ番組をどう評価しますか。

「いまの大学生に聞くと、『中学生のころの方がおもしろかった。いまのテレビはつまらない』と言いますね。幼いころに見ていた番組は美化して語られがちですし、昔といまの番組のおもしろさを比較することは容易ではありません。ただ、一昔前までは視聴者をいまほど低く見積もっていなかったというか、知的好奇心を刺激するような番組が結構あったように思いますが、今日ではより多くの人にわかりやすいようにと、全体的に内容の単純化や幼稚化が進んだような気がしています。ところが、それがつまらなく思われているのだとすれば、視聴者に迎合して作っているのに、視聴者は喜んでいない不幸な状況にあるということになります。また、とにかく明るく、にぎやかならいいとばかり、大勢の出演者がお祭りのようにはしゃぎまくる民放のスタジオの雰囲気がイヤ、という声を聞きます。海外にはあまりない、日本で独自に進化したテレビ空間です」

――番組の輸出を増やそうと躍起の政府の助成策をどう見ますか。

「国は2013年ごろから成長戦略としてテレビ番組の海外展開促進を強く打ち出してきました。政府の大きな目的はインバウンド(訪日観光客)を増やすことであり、観光やグルメの番組をそのきっかけにしようというものです。ただ、こうした番組が海外で放送された影響で日本を訪れたということを実証するのは難しい。訪日する要因はいろいろあるからです。効果が明確でないものに公的資金を投入することの是非はあるでしょう。また、本来テレビ文化は多様なものであるのに、日本が売り込もうとするのは観光振興を目的とする番組ばかりだとすれば、問題があるように思います」

――テレビ局の取り組みはどうでしょうか。

「番組の現地化は簡単とはいえません。しかし一方で、米国などにフォーマット販売されたTBSの『SASUKE』などは海外向けに企画を考えたわけではないのに、海外でも普遍的に受け入れられた番組です。日本テレビのドラマ『Mother』や『Woman』がトルコでリメイクされ、それが第三国へ販売されており、日本の番組が企画の宝として認識されているようになっているかもしれません。

依然として個別の海外市場向けに番組を作ることは稀ですが、フジテレビは15年に中国の映像制作投資会社・SMGピクチャーズと提携し、ドラマ『デート』『プロポーズ大作戦』などの中国版を共同で制作しています。日本で放送した既存の番組を海外に売ることだけが海外展開とはもう呼べない状況になっています」

——番組の海外展開の今後と意義についてどう考えますか。

「国内の広告収入が頭打ちになったいま、各テレビ局は海外市場の展開に力を入れています。政府の補助金の後押しもあり、地方局もどんどん乗り出しています。日本への関心や理解につながる海外展開は大衆文化交流という意義のあることだと思います。アニメでいえばストーリーや演出、キャラクターなど根幹の部分に強みがあり、日本のアニメブランドはたしかに強い。ただ、6年ほど前、韓国で市民にヒアリングしたとき、『日本のアニメは好きだけど、日本は好きではない』という声を聞きました。番組の評価が国の好感度と連動するとは限らないですし、その部分で海外展開に過剰な期待をすることはできないでしょう。

ビジネスとして今後注目されるのは、アニメやドラマでここ数年伸びているネットでの番組配信です。ただ、番組の配信を海外で展開しようとする場合、資金力豊かな大手のネットフリックスなどとの付き合い方で難しさが出てくるのではないでしょうか」

おおば・ごろう

1968年、英国生まれ。慶大文学部卒業後、91年、日本テレビに入社。ドキュメンタリー、バラエティー番組などのディレクターを務め、2001年に退社。米ミシガン州立大で修士課程、フロリダ大で博士課程を修了。京都学園大専任講師、佛教大准教授を経て08年から佛教大社会学部教授。専門はコンテンツビジネス論。著書に『アメリカ巨大メディアの戦略』『韓国で日本のテレビ番組はどう見られているのか』『テレビ番組海外展開60年史』など。

第3章
ニュース／スポーツ／ドキュメンタリー

報道を黒字にした「ニュースステーション」

1980年代前半、民放がプライムタイムに編成したのは、ドラマやバラエティー、歌番組、クイズ、プロ野球、プロレスといった内容だった。民放として稼ぎどころの時間帯に、いまのようにニュース番組が編成されなかったのは視聴率が期待できなかったからだ。採算が取れなかったためだ。

「中学生にもわかるニュース番組」を作る

そんな時代だった85年5月14日、テレビ朝日社長の**田代喜久雄**（93年死去）が臨時局長会議で25人の出席者を前に表明した。「今秋、テレビ朝日のイメージアップにつながる画期的な編成を行う。月曜から金曜を通じて、22時から90分規模の報道番組を放映する」

同じころ、制作会社「オフィス・トゥー・ワン」の契約社員だった**高村裕**（70）は、社長の**海老名俊則**（83）から「10月からテレビ朝日で月～金の夜10時台にベルトでニュース番組をやる」と知らされた。**「ニュースステーション」**として定着する大型企画を伝えられた場には、役員と制作スタッフら4、5人がいた。

通告から1カ月も経たないうちに、共同制作するオフィス・トゥー・ワンとテレビ朝日から二十数人ずつが参加した打ち合わせが始まった。高村は制作会社テレビマンユニオンから移って4年、この年の3月まで放送されていたオフィス・トゥー・ワンに所属する**久米宏**（74）と**横山やすし**（96年死去）の司会による「TVスクランブル」（日本テレビ）を手がけていたが、ニュース番組の経験はまったくなかった。

84年、テレビ朝日の視聴率は民放4位と低迷していた。経営陣が決断し社運をかけたこのプロジェクトは、テレビ局と制作会社が対等の関係で手がけるという新しさに満ちたものだった。

「中学生にもわかるニュース番組」というコンセプトが打ち出されたのは夏すぎだった。テレビの政治ニュースでときに使われる「密室の茶番劇」といった言葉への疑問が、新しいコンセプトに込められていた。誰も見ていない密室でなぜ茶番があったのがわかるのか、特殊な業界用語でごまかしているのではないかという問題提起だった。上から目線ではなく、目線を下げてニュースを伝えることで両社のスタッフは合意した。

別の放送作家は、ニュースの中心は一つではない、円の中心が二つあるとおもしろいのではないか、と訴えた。この考えは**「楕円形の思想」**と表現された。

この延長線上に、キャスターが座る**「ブーメランデスク」**が誕生する。キャスターそれぞれの考えにちがいがあってもいいという象徴にするため、上座も下座もないブーメラン形にして、角を作らないようにしたという。セットには力を入れ、1億円の費用をかけた、と言われた。

巨人ファンからのクレーム電話に手ごたえ

夜10時から78分間ものベルトのニュース番組を放送するのは民放初で、前例はない。ただ、人気の**「必殺シリーズ」**があった金曜だけは、夜11時スタートが88年3月まで続いた。

CM枠は広告会社電通が買い切った。

当面、ライバルとなるのは平日の夜9時から放送していたNHK**「ニュースセンター9時」**だった。高村は7月、「ニュースセンター9時」の2週間分を録画し、構成やニュース項目とその時間、映像の連関など内容を詳細に分析した。その結果、1項目は2分半から3分だった。固有名詞や専門用語が多用されている。映像も、政府の白書のサラリーマンについてなら東京駅前の通勤姿、子どものネタなら公園の空のブランコと陳腐だった。ニュースの並べ方に法則性はなかった。局内の力関係でトップ項目を決めているとしか思えなかった。**「新聞をよく読んでいる人なら理解できるが、普通の人がわかるわけではない、義務感で視聴しているニュース番組」**と結論づけた。映像がなければ文字で伝えればいいではないか。十分に勝機はある、と感じた。

最終的には、15～20分の特集を連日据えることになった。10月7日、初回の放送の特集は「サケ」をテーマに、系列局を結ぶ構えだった。北海道のお宅を地元局のベテランアナウンサーが訪れたが、力が入りすぎたのか話が終わらない。日本人とサケをテーマに据えて台本はあったが、リハーサルなしに頭の中で描いた企画の失敗を突きつけられた。5年間プロデューサーを務めることになる高村は、出ばなで泣きたくなった。この日の視聴率は9・1%。第1週の平均も8・7%にとどまった。目標としていた二ケタには届かなかった。12月には4%台に落ち込むことがあった。

浮上のきっかけとなったのは、86年1月28日に起きた7人が死亡した米スペースシャトル・チャレンジャー号の爆発事故だった。テレビ朝日が84年独占放送契約を結んでいた米CNNのスクープ映像に加え、立体地図や模型を使ったチャレンジャー号の構造や爆発原因が細かく伝えられ、視聴率は14・6%を記録した。

翌2月25日には独裁を続けてきたフィリピン・マルコス大統領の亡命の一報をリポーターだった**安藤優子**(59)が伝えた。チーフプロデューサーだった**早河洋**(74)=現・テレビ朝日会長=は初の放送延長(30分間)を決断。延長された番組が終わる直前に、米国務長官の声明を報じた。この日の視聴率は19・3%と過去最高に達した。「ニュースステーション」の存在が世間に刻印された日となった。

いまよりも人気が高かったプロ野球が始まると、久米は広島ファンを、相方の朝日新聞編集委員・**小林一喜**（91年死去）が中日ファンを公言し、喜怒哀楽を前面に出して試合結果を伝えた。スポーツとはいえ、「中立」の伝え手が立場を鮮明にする前例がなかった。**巨人が負けたときは、2人の表情に怒りを覚えた巨人ファンからの電話が殺到、スタッフルームに約20台並んだ受話器は鳴り続けた。**「久米にはよく言っておきますから」と答えながら、手ごたえを感じていた。逆に巨人が勝ったときは、久米と小林の顔を見るために巨人ファンがチャンネルを合わせるはずだ。番組は上昇気流に乗った。

この年11月にあった三原山噴火をヘリコプターで生中継するとともに、模型で臨場感たっぷりに伝えて、支持を集めた。年が明けた87年1月、大事件もないのに視聴率の好調が続くことに、高村と隣の席にいたテレビ朝日の立ち上げメンバーだった**福田俊男**（71）＝現・テレビ朝日特別顧問＝は2人して首をかしげていた。理由がよくわからなかったからだ。同時に、高村は「**お客さんを完全につかんだ**」という実感を抱いていた。

民放のニュース番組が視聴率を稼ぎ、営業面でも商売として成立することを初めて証明してみせた。

国内外の大ニュースに右肩上がりの高視聴率

80年代後半は大事件が相次ぎ、ニュース番組にとっては追い風となった。87年は国鉄民営化やブラックマンデーによる株価暴落、大韓航空機撃墜事件、88年にはリクルート事件や消費税法案可決、89年になると天安門事件、ベルリンの壁崩壊と世界史に残る冷戦終結を迎えた。美空ひばりも亡くなった。

90年にもイラクによるクウェート侵攻が発生した。90年代も、湾岸戦争や阪神・淡路大震災、オウム真理教事件などの国内外の大ニュースが続き、バブル経済崩壊による金融機関の破綻も起こった。

「ニュースステーション」の視聴率は85年度が9・4%、86年度以降は11・3%、13・6%、16・9%、17・2%と右肩上がりが続き、92年度にはピークとなる17・3%を記録した。2004年3月に終了するまでの平均視聴率は14・4%だった。

この間、報道のTBSと呼ばれてきた民放の雄が夜10時台の同時間帯にベルトのニュース番組を87年10月にぶつけてきた。元NHKアナウンサー森本毅郎がキャスターを務める

「プライムタイム」だ。老舗の逆襲に危機感は高かったが、わかりやすさと野党精神あふれる伝え方で視聴者をつかんでいた「ニュースステーション」は優位を崩されることはなく、「プライムタイム」は1年間で終了した。

高村は「プライムタイム」のニュースの取り上げ方に特徴を感じなかったことから、脅威は感じなかった。セットのテーブルが角ばっているのを見たとき、この番組はダメだなと思った。

押し寄せるニュースに、「ニュースステーション」の番組の構成も変わっていった。15分間の特集を連日放送することは無理になり、ニュースを中心に展開することになった。「予定調和をやめる」という当初の方針が、結果的に実現することになった。起きている出来事に対応しながら、肉づけしていくのが基本となった。

ただ、その中でも番組スタート時の方針は変わらなかった、と福田は話す。**「やらないことをやってみる」「逆側から見る」という精神を失わず、小さな火事でも現場に駆けつける姿勢は貫いていたという。**

これまでニュースで取り上げられなかったことにも着目した。**「なぜ曲がったキュウリが店で売られないのか」**をトップ項目で報じ、個人タクシーに対する陸運局の認可のおかしさに切り込んだ。

高村が86年2月に提案し実現した企画として**「夜桜中継」**がある。夜遅くタクシーで帰宅する途中で目にした千鳥ヶ淵の舞い散る桜の美しさがきっかけだった。ニュース原稿が連続する喧騒のなか、3分間しゃべらない空間をつくることが番組のバランスにいいのではないか、という思いがあった。系列局が参加できる共通テーマでもあることから採用され、看板企画となった。桜に当てる照明のためには中継車が必要で、1回500万円はかかったという。

すべてのコメントが久米宏の独断だった

「ニュースステーション」を担当していた5年間、高村は久米の原稿の伝え方にいつも感心していた。たとえば「爆弾を投下した」は「爆弾を落とした」にすべきだ、と久米は指摘した。中継で出演する記者の名前の扱いひとつにも神経を配った。番組では「○○が伝えます」と言ったあと、「〇〇さん」と呼びかけていた。身内にさんづけはおかしいと、違和感のない使い分けをしていたのだった。録画した「ニュースステーション」を夜中に久米が毎日チェックしている、と高村は耳にしていた。

「ニュースステーション」の視聴率が上がり影響力が増すとともに、権力チェックを旨とする番組と久米に対する自民党などの反発が強まった。しかし、高村は「いまのニュース番組のキャスターらと比べると、久米さんがしゃべっていた量は少ないと思う。ニュースの項目ごとに話すようなコメンテーターの方がよほどしゃべっている」と指摘する。

久米は17年に出版した著書『久米宏です。』で、こう書いている。「ニュース原稿に何のニュアンスもなくても、僕が間を取ったり首を傾げたり、読み終わって『そんなバカな』とコメントするだけで、伝わる意味合いは根底から変わる。……僕は誰に相談することもなく、それを独断で実行した」**「僕がコメントを口にするときに何よりも優先したのは、『まだ誰も言っていないことを言うこと』『誰も考えていない視点を打ち出すこと』**だ。……コメントの中身については誰とも相談せず、『これならいける』という自信ができてからでなければ口にしなかった」

「ニュースステーション」に訪れた3度の危機

順風満帆に映った「ニュースステーション」に危機は少なくとも3回はあった。

まず、**番組発足時から久米とコンビを組んできた小林が91年2月に心不全のため亡くなったときだ。**久米は同じ著書で「僕は小林一喜さんと21世紀を迎えたいという思いを抱いていた」と無念さを表現している。福田は「小林さんは答えたくないとき、さりげなく久米さんに顔を向けないようにしていた。2人の間ではあうんの呼吸があった」と振り返る。

次は**「椿発言問題」**だった。93年7月の総選挙で細川護熙非自民政権が成立したあとの9月、「政治とテレビ」をテーマにした日本民間放送連盟の放送番組調査会でテレビ朝日報道局長だった**椿貞良**（2015年死去）が問題発言をしたときだ。「自民党政権の存続を絶対に阻止して、なんでもよいから反自民の連立政権を成立させる手助けになるような報道をしようではないかと……デスクとか編集担当者とも話をしまして」「細川政権が〝久米・田原連合政権〟といわれることについて、私どもは大きな勲章だと思い非常に誇りに思っている」と話していることが明らかになった。

自民党が「非自民党政権の誕生を促す報道をするよう現場に指示した」と問題視した。久米は番組で「私の発言に対して、圧力や指導はなかった」と指示を否定。**田原総一朗**(84)はいま、「私も何ひとつ言われていない。椿さんが辞める前に聞いたら、『内々の会議と思って発言した』と話していた」と振り返っている。ただ、椿は国会の証人喚問に呼ばれ、「荒唐無稽だった」と陳謝する事態に発展した。

「報道局長発言問題特別調査委員会」を設けたテレビ朝日は94年8月、郵政省(現・総務省)に提出した報告書で、「公平に反すると疑われてもやむを得ない発言が含まれていたが、政治的に不公平、不公正な放送は行われていなかった」と結論づけた。

さらに、99年2月の**「所沢ダイオキシン汚染報道問題」**が起こった。埼玉・所沢産の農作物についてダイオキシン濃度が高いと、民間の環境総合研究所の結果を独自に伝えたところ、翌日から所沢産のホウレンソウなどの価格が暴落した。研究所長が「葉っぱもの」、久米は「野菜」と表現したが、実際には煎茶のデータだったことがわかり、番組で久米は謝罪した。

農家は損害賠償を求めてテレビ朝日を提訴、２００３年10月の最高裁判決でテレビ朝日が勝訴した二審判決が破棄された。差し戻し後の東京高裁で、テレビ朝日が謝罪し、和解金１０００万円を支払うという内容で決着した。

久米は99年10月から３カ月間休養したあと復帰したが、「ニュースステーション」は04年３月に終了した。

翌04年からは同じ時間帯で**「報道ステーション」**がスタート。キャスターは元テレビ朝日アナウンサーの**古舘伊知郎**（63）が12年間務め、視聴率は13・１％だった。その後、テレビ朝日アナウンサーの**富川悠太**（42）が引き継ぎ、視聴率は11％前後で推移している。

経済ニュース番組を切り拓いた「ＷＢＳ」

いまも続くテレビ東京の経済ニュース番組**「ワールドビジネスサテライト（ＷＢＳ）」**は１９９８年2月25日、４月からのスタートが発表された。社長の**中川順**（２０１０年死去）が「東京、ロンドン、ニューヨークと世界３大市場をリアルタイムで結び、ビジネスニュースを伝える」と力を込めた。

初代のメインキャスターに起用された**小池百合子**（66）＝現・東京都知事＝は「究極の経済番組にスタートから参加できて光栄だが、大変な責任を感じている。人、企業、地球の経済を扱う。いいグループワークで頑張っていきたい」と笑顔で抱負を語った。

関係者によると、海外と中継でつなぐことから、語学力と国際的な知見がメインキャスターの条件だった。カイロ大に留学経験があり、79年から日本テレビ**「竹村健一の世相講談」**のアシスタントとして出演していた小池に、白羽の矢が立った。

「超マジメ」国内初の本格経済ニュース番組

ＷＢＳは月〜金曜の夜11時30分から45分間放送する国内初の本格的経済ニュース番組だった。日本の夜11時30分は、ロンドン（夏時間）で株式相場の終わる時刻、ニューヨークでは市場が始まってから1時間半という情報がつながる唯一の瞬間だった。

24時間マネーが駆け巡る金融の国際化、円高による産業構造の変化が進むなか、親会社の日本経済新聞のバックアップ、ロイターやダウ・ジョーンズ、その傘下のウォール・ストリート・ジャーナルといった海外報道機関との連携という大がかりな枠組みでＷＢＳが誕生した。

この記者会見で、取締役編成局長の**深川誠**（84）は「個性化の象徴的な番組。制作費は月に2億円程度と常識を破る額だ。ただ、ニュースショーの戦争には参加しない」と表明。取締役報道局長の**池内正人**（85）は「昨年8月ごろから計画していた。国際経済の動きに直接関わる人や投資をしている主婦らがターゲット。超マジメなニュース番組だが、視聴率は2％取れれば。3％を目標にしている」と述べた。深夜に放送していた「ニュース・

日経朝刊」が終わり編成されたWBSは、テレビ東京になかった看板のニュース番組だった。のちに、中川は「スポンサーも超一流がすべてついた」と胸を張った。

WBSの発案者は池内だった。87年、日本経済新聞編集局総務からテレビ東京報道局長に転じた際、池内は面識のあった電通社長**木暮剛平**（2008年死去）に会い、「テレビ朝日は『ニュースステーション』で成功した。テレビ東京は経済のニュース番組を作ったらどうか」と言われた。半年後、木暮にベルトの経済ニュースの企画書を持参したら「いいじゃないか」と言われた。「12チャンネルだったから、1カ月1億2000万円で買い切ってほしい」と、具体的な数字をあげて営業面の話も進めた。

池内は意を強くし、テレビ東京で経済ニュース番組の立ち上げを提案したが、「報道局の人数がいないし、費用も機材もない」と消極論が多かった。「できないのならテレビをやっている意味がない」と強硬な池内の主張と年間15億円近い売り上げの魅力で、WBSの編成が決まった。

先進的だった日・英・米の株式市場を結ぶ国際中継

通信衛星回線を結んで、ロンドンとニューヨークから現地の外国人記者がリポート、同時通訳で伝えるライブ感を売り物にした。**独自性を前面に出したWBSはリニューアルや打ち切りが日常茶飯事の世界を生き延び、18年4月に30周年を迎えた。**TBS「NEWS23」より1年前のスタートで、WBSは民放のベルトのニュース番組では最長の座にある。

発足時からWBSの制作に参画したプロダクション「CNインターボイス」会長の**静永純一**（85）は米国の放送事情に詳しかったことから、様々な協力をした。83年から米国のCATVなどで日本の理解を促進させる「TELEJAPAN」を広告会社電通とともに作り、ドキュメンタリーやニュースを放送してきた。静永は国内でも民放で報道・情報番組を中心に手がけ、テレビ東京とも付き合いがあった。「TELEJAPAN」の実績をもつ静永にテレビ東京幹部が関心をもった。

東京、ロンドン、ニューヨークという3極を、回線料がまだ高かった通信衛星で中継する発想が斬新だった。米国のダウ・ジョーンズとウォールストリート・ジャーナル、英国のロイターと交渉してみると、いずれも活字中心で、これまで進出したことのない映像による発信に強い関心を示した。

国際的な提携はトントン拍子に進んだ。映像化が難しいと敬遠されがちだった経済ニュースに絞った番組が誕生することになった。ただ回線料が高額だったうえ、円滑な国際中継は難しく、実際には放送開始前にファクスで話す内容をやりとりして決めていた。

キャスター小池百合子、政界への転身

経済を切り口にしたニュース番組に新天地を見いだそうとしたテレビ東京だが、報道全体としての存在感の底上げには時間がかかった。関係者によると、88年度、89年度と視聴率は1％前後にとどまっていた。電通の担当局長からは、打ち切りの話を持ち出されたことがあった。視聴率が目標の3％台に乗ったのは、番組が定着した92年度以降だったという。

91年1月17日の朝9時（日本時間）、クウェートに侵攻したイラクに対する多国籍軍の

ミサイル攻撃が始まり、湾岸戦争の火ぶたが切られた。各テレビ局の放送が湾岸戦争報道の特別番組一色となるなか、テレビ東京は夜7時からレギュラー番組のアニメ**「楽しいムーミン一家」**を予定通り放送した。戦争報道の裏で流れたアニメは18・1％の高視聴率をあげたという。

何とか船出したＷＢＳに波乱が起きたのは92年。**キャスター小池の突然の降板**だった。理由は参院選への立候補だった。

この年の5月、新党の結党宣言をした**細川護熙**（80）がＷＢＳに出演し、小池は初めて会ってインタビューした。数日後に再び会った小池に、細川は「誰かいい候補者はいませんか」と尋ねた。その後、小池は「私でどうですか」と売り込んだという。7月の参院選で日本新党から立候補した小池は当選、政治家に転身した。

静永はキャスターになる前の小池に「政治的誘惑が多いので、アプローチがあっても、絶対まかりならぬ」とクギを刺し、「わかりました」という返事はもらっていた。静永は「政治的な意欲があったように感じていました。ただ、結果的に私より一枚も二枚も上でした」。キャスター就任の決め手となった行動力と好奇心が、降板劇で発揮されたのだ。静永は都知事になった小池について、**「度胸に磨きがかかった。要領は昔から良かった」**と評している。

90年4月からは夜11時開始と早まり、50分間の放送と5分間延長された（現在は夜11時から58分間）。

営業面から支えたのは電通だった。テレビ朝日「ニュースステーション」と同じように、WBSの番組枠を買い切った。静永は「ニュース番組といえば経費が出るばかりで金がかかる分野だった。WBSは画期的で、スポンサーはつけやすかったようだ。ただ視聴率2%の時代が長く、5年ほどは営業面でも苦しかったが、スタートから10年ほどで商売になり出したのではないか。良質な番組との評価を得て、テレビ東京の売上高の向上に大きく貢献した」と振り返る。

放送の動向に関心のある企業の社員にアンケートする民間団体「優良放送番組推進会議」（事務局長・月尾嘉男）が選ぶ地上波報道番組の第1位は、発足した09年度から17年度まで1度を除きWBSが独占している。会社員から高い評価を得ているといっていい。

消えた政治討論「サンプロ」「時事放談」

生放送の政治討論から数多くのニュースを発信してきたテレビ朝日の日曜朝の看板番組**「サンデープロジェクト」**が打ち切られたのは2010年3月だった。「サンプロ」を仕切ってきたジャーナリスト**田原総一朗**（84）は09年6月ごろ、当時のテレビ朝日トップから「申し訳ないけど、やめてほしい」と言われた。当時、視聴率は約7％で同じ日曜朝のNHKや他の民放の政治討論番組を上回っていただけに、意外な通告だった。

3人の首相を辞めさせた伝説の番組

「サンプロ」が始まったのは元号が平成に切り替わった3カ月後の1989年4月。田原は「サンプロ」などで3人の首相を辞めさせた、という伝説をつくった。

まず、1人目は**海部俊樹**（87）。海部を支える竹下派支配に対し、当選同期の自民党衆院議員の、山崎拓（81）、加藤紘一（2016年死去）、小泉純一郎（76）が「YKK」を結成し、番組で海部をコテンパンに批判した。盤石と思われた首相と竹下派の関係にきしみが生じ、海部は91年11月に退任に追い込まれた。

2人目は**宮沢喜一**（07年死去）だった。焦点だった政治改革法案について、93年5月の番組「総理と語る」で田原と対談、「どうしてもこの国会でやらないといけない。やりますから。私はうそをついたことがありません」と断言した。しかし、法案は成立せず、内閣不信任案が可決、自民党は分裂した総選挙のあと野党に転落。宮沢は8月に辞任した。

最後は**橋本龍太郎**（06年死去）だ。98年7月の参院選のさなか、問題になっていた大幅恒久減税について田原がサンプロで「財源はどうします？」と質問したら、はぐらかされた。さらに聞くと、しどろもどろになった。その後の選挙戦で発言内容を後退させた。自民党が参院選で敗北した責任を取り、橋本は首相の座を去った。

一番組で3人もの首相が辞めるきっかけをつくった例は、後にも先にもない。発言を引き出したのは、いずれも田原だった。

森喜朗内閣時代の2000年、幹事長だった**野中広務**（2018年死去）からは、「田原さんは国会対策委員長が金曜日に野党と玉虫色の決着をつけた約束を、日曜日のサンプロでぶち壊すのはやめてほしい」と言われた。

田原がサンプロ時代に唯一受けた政治家からの圧力は、小渕恵三内閣の森幹事長時代だったという。98年、経営危機に陥った日本長期信用銀行（現・新生銀行）の国有化問題で、自民党衆院議員の**石原伸晃**（61）と**塩崎恭久**（67）の出演を予定していた。しかし、自民党筋から**「長銀問題を扱ってくれるな。今回は自民党の代議士は出さない」**と言われ、議員に「出演するな」という指令が回ったという。自民党三役の出演拒否は10カ月間に及んだ。

番組で田原から容赦なく追及を受けるのに、政治家はサンプロになぜ出演したのか。田原は「政治家はテレビに出てみんなに知られることは悪くない。とくに野党にとってはチャンスだ。逆に出演しない政治家は、自信がないから出ないと見られがちだった」と話す。

ただ、宮沢、橋本と相次いで現職首相が権力を失うきっかけをつくったことに、田原は**「テレビの影響力が強いんだと感じた。こんなもので政権が吹っ飛んじゃうんだという感じを改めてもった。**権力は意外にもろいと感じた。橋本首相が失脚するまでは、権力者には厳しくすればいい、と思っていた」。

そして、権力に対する批判だけでなく、対案をもっていないと無責任ではないかと考えるようになった。サンプロにも対案をもつ人に出演してもらうようにした。

官房機密費「断られたのは田原総一朗さん1人」

政治家と真剣勝負を繰り返してきた田原は、政界と深く関わったがゆえに対応に苦慮したことがあった。

小渕内閣で98〜99年に官房長官を務めた野中は2010年、官房機密費について「毎月5000万〜7000万円くらい使っていた」と暴露した。自民党の国対委員長や参院幹事長のほか、評論家や野党議員らにも配ったことを記者団に明らかにするとともに、**「持**

っていって断られたのは田原総一朗さん1人」と述べた。

田原は東京・赤坂のホテルのバーで会った野中から「いいお茶が入った。受け取ってほしい」と渡された。重いと感じた田原が「金じゃないのか」と尋ねると否定された。別れたあとトイレで中身を確認すると、現金1000万円が入っていた。自民党の有力政治家に相談しても、らちが明かない。結局、野中の地元の京都を訪ね、長文の手紙と一緒に現金を返却した。

田原が政治家から現金を渡されたのは2度目だった。**田中角栄**（1993年死去）が首相を退任してから6年後の80年、東京・目白の自宅で田原が初めてインタビューしたあと、現金100万円を渡された。その足で東京・平河町の田中事務所に行き、秘書に返したら、**「オヤジは怒るぞ。自民党の取材は一切できなくなる。受け取ってもらいたい」**と言われた。しかし、応じなかった。2日後、「オヤジがOKした」と秘書から電話があった。

安倍1強で自民党内から消えた政治家同士の激論

田原は政治家と一線を画すことで、対等の立場で本音を引き出すことができた、と思っている。89年に冷戦が終わったあと、91年に湾岸戦争が起こり、バブル経済がはじけた。政治家の汚職が相次ぎ、政治改革論議が高まった。サンプロでは安全保障や選挙制度問題を何度も取り上げた。96年の衆院選からは小選挙区比例代表並立制が導入された。ただ、最近、「安倍1強」が際立ち、自民党の実力者や閣僚は首相のイエスマンばかりになった。**自民党内の論争はなくなり、サンプロが終わったテレビからは政治家同士が激論を交わす光景が消えて久しい。**

いまの政界について、田原は「トランプ大統領が巻き起こした中国との大戦争、日本の借金財政、東京五輪後に間違いなく来る不況、と大変な問題が内外で山積している。しかし、国をどうするか、責任をもって考えないようになった。イエスマンになることで、みんな首相任せにしている。議論がないので緊張感が失われ、議員が劣化した。逆にいえば、森友・加計学園問題でも党内で論争が起きないから、首相が辞めずに済んでいる」と失望を隠さない。

こうした現状になった原因は、小選挙区制に変わった結果、党の公認を得るためには執行部によく思われたいと、政権への忖度を働かせるようになったため、と田原は分析する。反主流派が消え、党内のダイナミックな論争も失われてしまった。

ただ、90年代の政治改革論議で、田原は小選挙区制に賛成していた。「後藤田正晴さんが、中選挙区は金がかかるので金権政治をやめるには小選挙区にするしかないと主張し、私も納得した。しかし、盛んになると思っていた政策論争は実現しなかった。小選挙区に変えたのは失敗だった、といまは思っている。野党がこんなに弱くなるとは考えていなかった。中選挙区でもいまの小選挙区でもない選挙制度にしようと、自民党幹部に呼びかけている」と話す。

サンプロ終了後は、BS朝日で始まった**「激論！クロスファイア」**で毎週日曜夜、政治討論をいまも繰り広げている。週刊誌などでもコラムを執筆、安倍政権批判の筆致は鋭い。

その一方で、米朝関係が緊迫していた17年7月には官邸で首相と面会、「トランプ大統領と会って金正恩委員長との会談の条件を引き出したうえ、北朝鮮に行って金委員長に話すことを提案した。首相は『こういうことを言ってくれるのは田原さんしかいない』と言っていた」。しかし、その後、翌8月の内閣改造で外相に就任した**河野太郎**（55）が国務長官ティラーソンに話すことになった。ティラーソンが示した反応はいまひとつで、18年3月に解任され、立ち消えとなったという。

相手の懐に飛び込んでいく田原の取材手法には賛否両論がある。しかし、田原は「私の原則は、言論の自由を守ること、日本に戦争を起こさせない、デモクラシーを守る、の三つ。そのためには、日本を危ない国にしないために、総理大臣に言わなくちゃいけないと思えば進言する」と話している。

政治に物申す「テレビ元老」とともに消えた「時事放談」

サンプロ打ち切りから8年半後の2018年9月30日、TBSで長く続いた日曜朝の政治討論番組「時事放談」が幕を閉じた。１９５７年から始まり、元新聞記者の**細川隆元**（94年死去）、**小汀利得**（72年死去）、政治評論家**藤原弘達**（99年死去）らの政治毒舌トークを売り物に87年まで続いた。２００４年からは毎日新聞特別顧問の**岩見隆夫**（２０１４年死去）の司会で再開、07年からは政治史を研究する東大名誉教授の**御厨貴**（67）が引き継いでいた。

御厨は第一線を退いた政治家が経験をもとに現状に物申す「テレビ元老」をゲストに招く形式を中心に続けてきた。御厨時代に出演が最も多かったのは、元官房長官**の野中広務**だった。はっきり物を言う姿勢が一貫していた。野中に次ぐ出演回数だったのは、民主党政権時代に財務相を務めた**藤井裕久**（86）だ。

御厨によると、04年に「時事放談」が復活したのは、ぶら下がりのテレビカメラの前で首相の小泉純一郎が発する言葉が政治を動かす「ワンフレーズ・ポリティクス」に対し、テレビ局が主導権を握ろうという発想だった。メディアが政治家に利用されるのではなく、放送局に政治家を呼んでじっくり話を聞く必要性を改めて感じたからだ。御厨が司会を担当してからの副題は「ワイドショー政治を叱る」だった。

「サンプロ」での発言がきっかけで首相らが失脚するのを、政治家がテレビの影響力を軽く見ていた結果、と御厨は考えていた。その中で、ドキュメンタリー番組のディレクターだった田原が政治家の本音を引き出すために戦略的に仕掛けて成果を生み出し、政治討論番組の礎を築いた意味は大きい、と評価していた。

御厨はテーマ選びや政治家の出演交渉にも深く関わった田原と対照的だ。番組のテーマやゲストの人選についてはプロデューサーに委ね、御厨は一切関わらなかった。金曜の夕方にあった収録では、後で編集せずノーカットで放送できるよう時間通りに進行させた。複数のゲストの片方の発言だけカットした場合に予想される苦情を防ぐためだった。

じっくり話を聞く「時事放談」は「サンプロ」とスタイルが異なっていたが、別の悩みを抱えた。舌鋒鋭い野中が亡くなっただけでなく、「テレビ元老」にふさわしい人材が枯渇していったのだ。

首相経験者でいえば、**福田康夫**（82）は政治討論番組には一切出演しない。**安倍晋三**（64）や**麻生太郎**（78）は現役政治家で条件に合わない。**小泉純一郎**（76）は過去を振り返ることに関心がないタイプだ。小泉が「時事放談」に出演したのは、原発問題をテーマに話した一度だけだ。

御厨は**「思想があって一家言をもつ風格のある政治家がいなくなった。与野党を含めて味のある人がいなくなり、政治家がつまらなくなった」**と振り返る。

テレビ東京で08年から放送していた「田勢康弘の週刊ニュース新書」も16年で終わっている。**政治討論番組が次々となくなっていく理由について、御厨は「やっぱり政治がおもしろくないからでしょう」と明快に語った。**

少数意見と真実発掘のドキュメンタリー

東海テレビ報道局専門局次長だった**阿武野勝彦**（59）＝現・報道局専門局長＝は2008年4月、社長の**浅野碩也**（72）＝現・相談役＝と社長室で向き合っていた。山口県光市母子殺害事件の弁護団に密着したドキュメンタリー**「光と影」**の放送が1カ月半後に迫っていたとき、プロデューサーの阿武野は社長から説明を求められたのだ。

「絶対放送させない」と反対した社長

事件当時18歳だった被告（37）＝現・死刑囚＝が殺意の否定に転じ、「死刑廃止論を主張するため裁判を利用しているのでは」と弁護団は世間から批判の嵐にさらされていた。大阪府知事だった弁護士**橋下徹**（49）が07年5月、弁護団の懲戒請求を読売テレビ**「たかじんのそこまで言って委員会」**で呼びかけ、〝鬼畜弁護団〟という非難が飛び交った。ネットでの書き込みも加速していった。

「お前はおかしい。絶対放送させない」と、阿武野は社長から言われた。

「私はやめてもかまいません。ただ、番組を止めたあなたが、取材に協力してきた弁護団が信義則違反で訴訟を起こしたときの対象になりますよ。相手は腕っこきの弁護士たちです」と答えた。

すると、「どれくらい進んでいるんだ」と聞いてきた。落としどころを求めているんだな、と放送中止は避けられる感触を得た。

「取材は8割がた済んでいます」と言うと、話は収まった。

「光と影」は、報道部ディレクターだった**斉藤潤一**（50）＝現・報道局部長＝が「光市母子殺害事件弁護団の会議を撮影できます」と企画を持ち込んできた。名張毒ぶどう酒事件の裁判取材で知り合った弁護士が弁護団のメンバーになっていたことが手がかりとなった。

ただ、条件として、会議すべてを撮影すること、放送は広島高裁での差し戻し控訴審の判決（4月22日）後にすることで合意した。

光市母子殺害事件の差し戻し控訴審の判決が言い渡される広島高裁に入る被害者遺族の男性＝2008年4月22日　©東海テレビ

「光と影」のテーマは、**「弁護士の職業倫理とは何か」**だった。阿武野らは、被害者感情を理由にした弁護団へのバッシングとは異なる視点から、重層的に事件を伝えたい、と考えていた。

社長は「会社をおとしめることになる」と放送にブレーキをかけようとしたが、他の幹部は阿武野らを後押しした。取締役編成局長の**内田優**（67）＝現・社長＝と報道局長の**広中幹男**（68）は、「どういう形でもいいから番組として出そう」という決断を揺るがせることはなかった。ただ、阿武野は責任を取り、会社を辞めざるを得ない事態になることも半ば覚悟していた。

BPOの意見書で風向きが変わる

重苦しい空気が一変したのは判決1週間前の4月15日、NHKと民放でつくる第三者機関「放送倫理・番組向上機構（BPO）」の放送倫理検証委員会が出した意見書だ。**差し戻し控訴審をめぐるテレビの報道、番組が「感情的に制作され、公正性・正確性・公平性の原則を逸脱している。一方的で感情的な放送は、広範な視聴者の知る権利にこたえられず、不利益になる」という見解を示したのだ。**逆風は追い風に変わった。

阿武野は開局50周年だった08年に、記念番組として東海テレビが手がけたドキュメンタリーから現代に通じる作品を毎月放送する担当となり、案内人の1人となったノンフィクション作家の**吉岡忍**（70）と意見書公表の前に初めて会っていた。制作中だった「光と影」について話すと、「応援するよ」と言われた。ただ、何を言っているんだろう、とピンとこなかった。意見書作成に関わった吉岡が放送倫理検証委員会委員であることを、阿武野は知らなかったのだ。光市母子殺害事件報道をBPOで審議するよう大学教授が要請したのをおぼろげに知っていたが、BPOは名古屋の放送局からは遠い世界だった。

「光と影」では事件現場が撮影され、300日間にわたりカメラが入った弁護団の激しい議論と葛藤がそのまま映し出された。あえて取材しなかった被害者遺族の男性が、死刑判決が言い渡された差し戻し控訴審の広島高裁の正門に入る場面を背後から撮ったシーンが象徴的だった。

5月末の深夜に放送されたあと、6月初めの昼に再放送された。番組が始まって間もなく東海テレビにかかってきた電話は、半数近くが「被害者家族の気持ちがわかるのか」といった批判だったが、終了後を含めた全体では8～9割が「よく伝えてくれた」「見方がわかった」という好意的な内容だった。「光と影」は日本民間放送連盟最優秀賞に選ばれ、阿武野には日本記者クラブ賞が贈られた。

映画化、「さよならテレビ」という新たな挑戦

阿武野にとって「光と影」が転機となった。表現をめぐり組織と激しく衝突した初めての体験だった。あれほど緊張して制作に臨んだ番組はなかった。司法の様々な問題につい

て斉藤と一緒にシリーズで取り組み、09年に犯罪被害者遺族を追った**「罪と罰」**も作った。15年には、堺市の暴力団事務所の内部にカメラを半年間据えるという前例のない手法でその実態をとらえた**「ヤクザと憲法」**を放送した。これまで手がけたドキュメンタリーは約50作となる。

地方局ではすぐれたドキュメンタリーの作り手が巨匠として一時代を築いても、定年などで局を去ると注目作が途切れがちだった。阿武野も、1人のディレクターが長く取材対象に入り込むと、それを継ぐのが難しいことを認める。「職人という視点で言うと、制作者として生き残っていくためには、後輩を上手に育て、そして、上手に潰さなくてはならない。手練れのディレクターが、数人いれば事足りる組織なら、この二律背反の泥沼に制作者は苦しむことになる」(月刊誌「GALAC」2018年5月号)と記している。

阿武野はこの難題にあえて挑んでいる。その一つが、東海テレビで制作したドキュメンタリー番組を再編集して映画化する試みだ。全国の映画館での上映を2011年から始め、これまでに10作となる。老夫婦の生活や終末を描いた最新作**「人生フルーツ」**は観客動員が24万人を超え、これまでの最高となった。

ドキュメンタリーはスポンサーがつきにくい。ディレクターは日々、仕事でイベントの取材に追われるなか、本当に撮りたいドキュメンタリー制作が自らの価値や問題意識を見つめる機会となる。映画化を進めれば、地元以外のファンを増やすとともに、作品の幅を広げることになり、作り手の世代間のバトンタッチを進める狙いも込められている。

阿武野は「取材対象にタブーはない」と局内で言ってきた。プロデューサーを務めた18年9月2日放送の開局60年記念番組**「さよならテレビ」**でも言葉通りの実践を示した。ディレクターは「ヤクザと憲法」と同じ**土方宏史**（42）が担当した。

ネット時代を迎え曲がり角を迎えたテレビ局の実像を描くため、自局の報道部に録音用のピンマイクを置き、日々の会議や編集の生々しいやりとりをカメラに収めた。

ミスをした若手記者への上司の叱責、ニュース番組放送後の報道局長の注意、視聴率低下の指摘と働き方改革の呼びかけをする報道部長の発言。日ごろのテレビ画面では映らないリアルな姿が、77分間にわたり放送された。撮影に反発する報道部の声も当然のことながら出ている。11年に、情報番組**「ぴーかんテレビ」**で岩手県産米のプレゼント当選者欄に「怪しいお米　セシウムさん」と書き込んだテロップを流した日に、毎年開いている全社員集会の模様も報じた。
　カメラが最も多く追いかけたのはニュースキャスターの男性アナウンサーだった。キャスターが担当する番組での「顔出しNG座談会」で、出席者の顔の一部が画面に出る不手際が起きたときの反応とおわび放送も取り上げた。そして、キャスターが幹部から降板を告げられる場面を音声で伝えた。国内の放送でキャスター降板の通告の瞬間が放送されたのは、おそらく初めてだろう。

10月10日、「ヤクザと憲法」「人生フルーツ」など、独自の視点から地方発ドキュメンタリーを制作したことが評価され、「東海テレビドキュメンタリー劇場」が第66回菊池寛賞に選ばれた。

　阿武野は数々の賞を獲得してきた。しかし、大家然として過去の作風をなぞるようなふるまいは一切しない。いまも、波風が立つような企画をあえて実現させているように映る。だからこそ、人々が注目し、新しい作品にこれまでにない問いかけを見いだす。

テレビ報道で冤罪が証明された「足利事件」

民放の報道で冤罪が証明され、有罪が確定した受刑者が刑務所から釈放された例は、私が知る限り一つしかない。日本テレビ報道局社会部記者の**清水潔**（60）＝現・特別解説委員＝が手がけた**「足利事件報道」**だ。

開局55年特別企画として2008年の1月に始まった「ACTION 日本を動かすプロジェクト」で、清水はキャンペーン報道**「『連続幼女誘拐殺人』の真相追及」**の中心メンバーだった。日曜午後6時から2時間の特別番組で華々しくスタートした。

07年6月、清水は社会部長からプロジェクトを提案され、未解決事件をテーマにすることを打診された。調べてみると、79年から96年にかけ栃木、群馬県境の半径10キロ圏内で5件の幼女誘拐・殺害事件が起き、うち4件は立件されていないことがわかった。ただ一つ起訴され有罪判決が確定したのは90年に起こった「足利事件」の**菅家利和**（72）だけだった。菅家が91年に逮捕されたあとも96年に誘拐・殺害事件が発生していた。取材を進め、連続事件の可能性が高いと見た清水は、菅家の冤罪を視野に報道する方針を決めた。

菅家の唯一の物証とされたのが被害者のシャツに付着していた精液の「DNA型鑑定」だった。しかし、専門家への取材でこの鑑定の正確さに綻びが見え始めた。**同じ血液型で同一のDNA型をもつ人間の出現率が、1000人に1・2人から1000人に5・4人と高まっていた。**

これまで一切の取材を拒否していた遺族の母親のインタビューを実現させた。菅家がパチンコ店から幼女を自転車の荷台に乗せたとされる供述について、娘は「保育園に行くときカゴに乗せていた。納得できない」という話を引き出した。

しかし、プロジェクトの初回放送翌月の08年2月、最高裁で確定した無期懲役の判決に対し、菅家が無実を訴えて起こした再審請求が宇都宮地裁で棄却された。菅家は一度自白したものの、一審途中から否認に転じていた。清水は「出ばなをいきなり挫かれ、周囲も『どうするのか』という雰囲気だった」と振り返る。

取材は続けた。パチンコ店から殺害現場の河川敷までの目撃証人は不在となっていた。しかし、実際には4人の目撃者が調書を取られていたことを突き止めた。このうち2人から取材した結果、怪しい人物は自転車ではなく、赤いスカートの幼女の手を引いて土手を下っていったことを明らかにした。

17年半も自由を奪われた末の無罪、釈放

再審請求棄却に対し即時抗告した菅家が東京高裁に求めていたDNA型再鑑定に、検察側は08年10月に応じることを決めた。清水は「警察も検察も再鑑定すればDNAが一致すると考えたにちがいない。ただ、鑑定した警察庁の付属機関である科学警察研究所はヤバイと思っただろう。足利事件はDNA型鑑定の導入初期で、まだ実験段階だった」と見ていた。

09年1月に再鑑定が始まる。鑑定人には大阪医科大教授鈴木廣一と筑波大教授本田克也が決まった。**4月半ば、同僚の社会部記者から清水に「再鑑定の結果は不一致」という情報がもたらされた。**5月8日に再鑑定の結果が公表された。本田鑑定では菅家のDNA型とシャツから検出された真犯人のDNA型は別の型だった。鈴木鑑定も同一の人間のDN

A型ではない、と結論づけた。一方、検察は被害者かその母親のＤＮＡ型の可能性があるとして、幼女のへその緒と母親の口内粘膜からの採取を要請した。

そして、**6月4日、清水の携帯電話に、遺族の母親から「検察から電話があり、菅家さんを釈放するそうです」と連絡が入った。**速報したあと、菅家が収監されていた千葉刑務所に清水は向かった。弁護団と相談のうえ、菅家の大量の荷物を考えワゴン車で迎えに行くことになった。刑務所に着くと所内に誘導され、段ボールの私物を受け取った。そして鉄の扉が開いて出てきた初対面の菅家と握手を交わした――。

清水が足利事件を取り上げた番組は、「ＮＮＮドキュメント」や「バンキシャ！」、ニュース番組の「ＺＥＲＯ」「リアルタイム」など約50回に及んだ。

足利事件の再審で、検察の無罪求刑を経て、**10年3月26日、菅家は宇都宮地裁で無罪判決を言い渡された。91年12月に逮捕され、17年半も自由を奪われた末の決着だった。**

「小さな声を聞け」を原則とした取材

清水の取材の原則は「小さな声を聞け」だ。前の職場だった写真週刊誌「フォーカス」の記者だったときの体験だ。同誌ではのちに「桶川事件」の調査報道を手がけた。

97年、群馬県内の広告代理店が「顧客データベースを消された」として、元女性社員に損害賠償を求めて提訴したという話を取材したことがあった。広告代理店の社長は自信満々だった。訴えられた若い女性に会うと、泣きながら「消していない」と否定する。

広告代理店に戻り、社長に話してパソコンを起動してもらった。コンピューターの知識があった清水があるタイミングでキーを押すと、データベースのアイコンが出てきた。データは残っていたのだった。旧式のシステムで動いていたパソコンにウィンドウズを追加し、データベースソフトを読み込ませたのが原因のようだった。

この一件以来、清水は社会的立場や声の大きさで判断してはいけない、と心に決めた。**権力者の主張や記者会見での力説は自然と聞こえてくる。自分が取材すべきことは、耳を傾けないと聞き取れない「小さな声」にある、と心に刻んだ。**自らの足で取材する調査報道に徹している。

清水は足利事件の裁判、捜査関係資料を読み込み、真犯人の心証を固めていた男性に90年5月、取材したことがある。あいまいな返事を繰り返したが、事件当日に足利にいたことは認めた。報道の当初の目的だった「北関東連続幼女誘拐殺人事件」の解明を進めるための接触だった。この男性のDNA型鑑定を依頼したところ、シャツに付着していた精液のDNA型と一致したという。しかし、5件の誘拐殺害事件のうち、足利事件を含め4件は時効となっている。

論争が絶えない「南京事件」に取り組む

最近、清水が制作したのは1937年に中国で起きた南京事件のドキュメンタリー番組だ。あるプロデューサーの助言を得て、戦後70年だった2015年1月から取材を始め、15年10月に「NNNドキュメント」で**「南京事件　兵士たちの遺言」**を放送した。

虐殺否定説から30万人説まで、犠牲者数の論争が絶えない南京事件について、残されていた旧日本軍上等兵の日記の一次資料、兵士たちの証言、中国人の証言を紹介した。現地でも裏取り取材をし、二夜にわたった銃殺の模様はCGで説明した。

18年5月には、同じ「NNNドキュメント」で**「南京事件II」**を放送。事件の実態を改めて検証するとともに、「自衛のための発砲だった」という虐殺否定説が生まれた経緯を探った。南京事件の殺害は騒いだ中国人捕虜に対する発砲から殺害に至ったと主張する当時の連隊長の言い分を掲載した地方紙・福島民友の記事を発掘し、取材した記者へのインタビューも伝えた。

事件への見解が対立する歴史的テーマだけに、南京事件についての2作品については、通常2、3回の社内試写が7回程度に達し、綿密な検討が繰り返された。放送後の視聴者からの反響は、それぞれ数百件と多かった。「つらい歴史だが、よく放送してくれた」といった好意的な内容が約9割を占め、「なぜ、こんな放送をするんだ」「南京事件は中国のプロパガンダだ」といった批判は1割ほどだった。

清水は「勘を信じない」と言う。北関東の誘拐殺人事件の取材でも、仮定は立てても、頭の中でちがうかもしれないと問い続けた。**「調査報道は自分の勘を信じないで、取材す**

ることです。私は自分が見たこと、聞いたことしか、原則信じません」

ただ、これは問題ではないかという「気づき」は大切にしている。気づきがないと、永遠に取材することはない、と考えるからだ。

車窓や職人技に焦点をあてる

チェロの演奏に乗って番組タイトル**「世界の車窓から」**と地図が流れるオープニングが15秒。そして、車窓から見える景色、列車の乗客の様子、ときに駅近くの街並みといった本編が1分50秒。ＣＭ30秒をはさみ、あしたの内容予告と番組提供テロップで10秒。この計2分45秒のミニ番組は１９８７年6月に始まった。

撮影はぶっつけ本番、30余年で１０６カ国へ

番組を企画した制作会社テレコム・ジャパン（93年解散）のプロデューサーだった**岡部憲治**（69）は、広告会社電通から富士通提供のミニ番組が持ち込まれたとき、連続性があって毎日楽しめるものをと考えた。調べると世界の鉄道網は１２０万キロある。ネタは尽きないはずと、列車に乗りながら撮影し旅を続ける番組を考案した。

テレコム・ジャパンのテレビ番組部門として92年に独立したテレコムスタッフの代表取締役になってからも、プロデューサーを続けている。

取材陣は日本からのディレクター、カメラマン、ビデオエンジニアの3人一組が基本。現地のコーディネーターやドライバーが加わる。車窓からの景色と列車内の模様を撮るだけではない。列車が走る映像は、自動車で戻って風景の良い場所を探しながら撮る。駅で下車し、紹介する街を撮影することも少なくない。

アフリカや南米などで週に1本という路線のときは、ドライバーがカメラマンと先回りし、並行しながら列車を撮ることもある。海外ロケ1カ月で3カ月分の映像を収録、帰国するとなるべく早く放送する。

車窓からの風景が中心だが、列車に乗り合わせた人々との交流や鉄道のもとに広がる街の姿から、訪れた国の素顔が伝わってくる。番組を始めてみて、鉄道はその国の政治、経済、文化を反映する存在であることを実感させられた。行くたびに駅の様子やファッションが変わりもする。

撮影する国はディレクターの希望ではなく、岡部が決める。**「いい季節にいい風景を撮る」のが基本だ。**冬には寒く暗くなりがちな北半球ではなく、南半球を選ぶことが多い。

２０１５年時点で鉄道があるのは１４０カ国という。**10年以上かけて世界を一周、18年10月までに走破したのは１０６カ国になった。**総取材距離は75万キロを超えた。当初は世界一周を早く達成したいと番組のテンポが速かったが、３、４年で少し落ち着いてきた。

「人間との出会いが番組の魅力」

最も多く訪れたのは17回の**フランス**。続くのは**スイス**（15回）、**イタリア**（14回）と風光明媚で観光地の多い欧州の国々となっている。２０１０年には**サウジアラビア**に初めて入った。砂漠ばかりの光景だったが、これも味わいのひとつかもしれない。

まだ撮影が実現していないのは、紛争や政治的不安定性が障害となっているイラクやアルジェリア、コロンビアなど。アフガニスタンやイエメンには旅客鉄道がない。グアテマラではすべて廃線になったという。

撮影が難しくなっているのは**米国**だ。01年にあった9・11同時多発テロ以降、セキュリティーを理由に列車内での取材許可がなかなか下りなくなった。08年に登場したアラスカを除けば、06年の取材が最後になっている。

軍事上の問題から、**ロシア**では橋の撮影は禁止された。**エジプト**のある地域では、安全面から警察同行の取材となった。また、編成上できたミニ番組は日本独特といわれ、**チュニジア**に取材申請したときはなかなか理解されなかったこともある。

訪れても、鉄道のメンテナンスが悪く脱輪するため国中の列車がストップしていた**ガーナ**のような例がある一方で、世界的な潮流は高速化と新幹線の増加だ。岡部は**「スピード追求や豪華列車はつまらない。車窓を開けてこそ、きれいな映像が撮れる。人間との出会いが番組の魅力なのです」**と言う。

2004年をピークに海外留学をする学生が減る傾向にあり、「内向き志向」と指摘する声がある。しかし、「世界の車窓から」を見て現地を訪れたり、実際にロケ先で出くわしたりするという変わらない視聴者の反響を聞くと、岡部は海外への関心が衰えているとは思わない。シベリア鉄道を取り上げたときは、抑留されていた父の思い出を綴った手紙が寄せられた。

張りのある声でナレーションを担当する俳優の石丸謙二郎（65）は番組当初から変わっていない。**撮影はぶっつけ本番、2本のレールに揺られながら偶然に左右される番組は月、火曜の午後11時15分からテレビ朝日で放送され、18年11月20日で10368回を数えた。**

インバウンドブームに乗って視聴率を伸ばした「和風総本家」

職人技を追ってきたテレビ大阪**「和風総本家」**は18年10月に出演者の一部が代わり、**「二代目　和風総本家」**にリニューアルした。

毎週木曜夜9時からテレビ東京系列で全国ネットで放映している「和風総本家」は、お茶検定といった「和」にこだわったクイズ形式のバラエティーとして08年から始まった。毎週の放送の中で、**「和の職人」**の企画への反響が高かった。地味と思われがちだった職人が育む技術や仕事ぶりを密着取材し伝える企画を10年から毎週のように放送するようになった。

職人から他の職人を紹介してもらったり、各地の役場や商工会などに取材したりして、様々な地方の職人技も取り上げてきた。

インバウンド（訪日観光客）のブームと重なり、「外国から見たニッポン」という切り口で、外国人の目から見た職人技の繊細さ、魅力を掘り下げた。

お茶を点てるときに使う茶せんはどのようにして作るのか、地蔵になぜ赤い布がつけられているのか、といった外国人の疑問に沿って、職人の仕事を紹介していく形式が定着していった。

そんななかで生まれた企画**「世界で見つけたメイドインジャパン」**では、イタリアのコーディネーターを務めた日本人女性から「バイオリンの修理に使われているミニのこぎりに『中長』という刻印がある」という話を、スタッフが聞き込んだ。

調べてみると、新潟県内にある零細業者が作ったものだった。知る人ぞ知る、プロが使う逸品が海外で高く評価されている事例が多くあることがわかった。

11年の東日本大震災のあとは、日本を改めて見直す空気を反映してか、視聴率が伸びていった。そうなると、他局も見過ごしてはいない。「日本のすごさ」を強調するレギュラー番組や、メイド・イン・ジャパンの製品の特集番組を編成するようになった。元祖としては一線を画しているつもりでも、類似番組のうずに巻き込まれるようになった。そして、リニューアルに踏み切ることになった。

新レギュラーに俳優の**鈴木福**（14）が加わった18年10月、**「過酷な現場で働くお父さん」**と**「大使館に御用聞き」**という企画をシリーズで始めた。火花が散る製作現場などで汗を流す姿を、モニターで家族が視聴し、サプライズで職場に登場し面会するというつくりとなっている。家族が見る機会の少ない仕事を通して、絆を問う企画だ。

もう一方は、番組スタッフが日本にある大使館に電話をかけ、「困っていること」を番組として解決する内容だ。初回は独立記念日にブラジル大使館が開くパーティー会場の公邸の庭が荒れ放題になっている悩みに、庭師を紹介し改修した。

プロデューサーの**三好直**（37）は「玄人好みのする渋い番組だが、職人を取材していて後継ぎ問題が深刻なのがわかった。若い人にも知ってもらい、日本の良さを未来につなぐ願いを込めて、中学2年の鈴木福を起用した」と話している。

他局が目を向けない競技を開拓したテレ東

東京12チャンネル（現・テレビ東京＝1981年から）のサッカーを担当するディレクターだった**寺尾晥次**（77）は1970年5月半ば、プロレス番組買い付けに米国出張へ行く運動部長の**白石剛達**（2014年死去）に羽田空港で頼み込んだ。

「もし時間があったら、サッカーワールドカップ（W杯）が5月末から開かれるメキシコに回って、W杯メキシコ大会の放送権を買ってきてください」。このひと言が、**74年の日本初のW杯決勝生中継**につながることになる。

「プロレスアワー」用に米国プロレスのカラー映像の契約をニューヨークで済ませた白石はメキシコに向かった。幅広い人脈を誇る白石は、早稲田大レスリング部の後輩の息子が商社員としてメキシコに駐在しているのを知っていた。この商社員に「W杯の放送権をもっている人間を紹介してほしい」と依頼すると、調べてくれた。

当時、放送権をもっていた主催国のテレビ局の担当者にあたると、「NHKが決勝のみ、日本テレビは決勝と数試合を放送したい、と電話で申し込みがあった」と言う。白石は32試合すべての放送を提案した。すると、「君はわざわざ来てくれた」と快諾された。ただ、示された価格は予算の1000万円の10倍だった。商社員が価格交渉をしてくれて、全試合のカラー録画放送を予算限度額で契約することができた。送られてきたビデオは9月から1年間にわたり放送された。

岡田武史や井原正巳らサッカー少年が熱中

東京12チャンネルが海外サッカーに目を向けるきっかけは、68年4月に始めた**「イギリスプロサッカー」**だった。英BBCが放送するイングランドリーグ1部（現・プレミアリーグ）の毎週の最高の試合をハイライトで放送する**「マッチ・オブ・ザ・デイ」**を、日本代表コーチ岡野俊一郎（17年死去）の解説、金子勝彦（84）の実況で伝えていたのだった。寺尾は英タイムズ紙を会社で購読、参考になるサッカーの記事や評論を岡野と金子に渡した。

欧州の第一級の試合を毎週放送するという画期的な番組は、68年10月に**「ダイヤモンドサッカー」**と名称を変え、88年まで続くことになる。放送時間は当初、土曜午後3時台だったが、サッカーの練習時間にぶつかるため、日本サッカー協会の要望に沿って70年には月曜夜10時台に移された。しかし、同じ時間帯にフジテレビの人気歌番組「夜のヒットスタジオ」があり、視聴率は1～2％だったという。

サッカー選手にとっては、手本となるプレーが映像で見られるとあって熱烈な視聴者を生んだ。高校時代、大阪に住んでいた元日本代表監督の**岡田武史**（62）や滋賀にいた元日本代表主将の**井原正巳**（51）は、毎週見逃すことのないサッカー少年だった。

74年W杯西ドイツ大会では国内初の決勝戦を中継

「ダイヤモンドサッカー」のプロデューサーをしながら、寺尾は74年の**W杯西ドイツ大会**の放送権獲得を考えていた。問い合わせたところ、全試合で75万マルク（約9000万円）という。急上昇した放送権料の交渉をテレックスで行ったが、うまく進まなかった。最終的に、「ダイヤモンドサッカー」を提供する三菱グループが70万マルク（約８５００万円）を用意することで決着。決勝の衛星中継も実現することになった。

決勝戦の放送は7月7日午後11時50分（日本時間）からだった。ちょうど参院選の開票と重なったが、東京12チャンネルだけは国内初のW杯中継に踏み切った。寺尾はディレクターとして、解説の岡野、実況アナの金子らとともに、決勝の西ドイツ—オランダ戦を会場のミュンヘンの地から伝えた。視聴率は３・７％だった。

ただ決勝が放送されたのは、東京12チャンネル以外では京都の近畿放送（現・ＫＢＳ京都）、兵庫のサンテレビのほか、番組販売による週遅れでのサッカーどころの静岡、広島などに限られていた。決勝以外の試合は「ダイヤモンドサッカー」で放送された。しかし、78年の**W杯アルゼンチン大会**では、世界的に公共放送が契約することになり、日本ではＮＨＫが中継することになった。テレビ東京の独占中継は74年が最後となった。

「ダイヤモンドサッカー」はサッカー関係者からの熱い支持はあったものの、視聴率は低迷していた。編成から出される打ち切りの話に、白石や寺尾は「ダメだ」と抵抗し続けてきた。寺尾は「以前はテレビ局も牧歌的なところがあり、現場の意見が何とか通っていた」

と話す。しかし、88年3月、開始から20年という区切りを迎えて終了となった。

Jリーグ開幕と「ドーハの悲劇」

視聴率は取れなかったが、「ダイヤモンドサッカー」を通じて定着させたサッカー用語に、寺尾は自負をもっている。かつて自殺点と言っていたが、いまはオウンゴールになった。応援団はサポーターと呼ばれるようになった。活字メディアが字数の少なさにこだわってきたが、BBCの放送にならった用語を使うようにした成果といえた。

「ダイヤモンドサッカー」の放送が終わってから5年後の93年5月、プロのJリーグが開幕し、一大ブームとなった。東京12チャンネル時代にサッカーファンの土壌を耕したが、高まった人気の果実を他局より優先して手に入れたわけではなかった。

ただ、この年の10月28日、日本代表の初のW杯出場がかかったアジア地区最終予選のイラク戦の中継がテレビ東京に回ってきた。2―1でリードした試合終了間際に同点に追いつかれW杯には届かなかったが、視聴率は48・1％に達した。**「ドーハの悲劇」と名づけられた試合の視聴率は、いまもテレビ東京で史上1位の数字である。**

寺尾はイラク戦の中継を東京のスタジオでプロデューサーとして担当した。「最終戦のイラク戦は消化試合の可能性もあったが、電通の割り振りで決まった中継だった。試合が終わると、ゲストのサッカー選手が泣き出して大変だった」。この試合翌日、テレビ東京の社員にはひとり4800円の特別ボーナスが支給され、夕方からはスタジオに多くの社員が参加する集まりがあった。W杯出場を逃しただけに、寺尾の内心は複雑だった。

東京12チャンネル時代から海外サッカーだけでなく、白石が手がけた**「ローラーゲーム」**（68～70年、72～75年）や**「女子プロレス」**（68～70年）は話題を呼んだ。68年から始まった**「サンデースポーツアワー」**では、他の民放が見向きもしないバドミントンなどのアマチュア競技を取り上げた。79年からは7年間、読売新聞社の依頼で箱根駅伝を放送したこともある。生中継のゴール場面以外は録画による編集だったという。

他局が目を向けない競技を取り上げ、開拓していくという先駆者精神は、いまも世界卓球やTリーグの放送に見てとれる。

インタビュー03
目加田説子さん（中央大学教授／フジテレビ元記者・ディレクター）

「波風を立てない報道が増えた」

――ふだん、どんなテレビへの接し方をしていますか。

「ニュースの視聴習慣がついているので、家にいれば朝、昼のニュース、昼の情報番組、そして夕方のニュース、夜はテレビ朝日の『報道ステーション』をつけていることが多いですね。ニュースはもっぱら民放です。以前はＮＨＫの夜7時のニュースを見ていましたが、数年前から視聴しなくなりました。スポーツはボクシングが大好きですし、テニスやラグビー、サッカー、野球も見ます。あと、映画や米国ドラマをＷＯＷＯＷで楽しんでいます。日本のドラマは１９７０年代がすっぽり抜けていて、80年代の学生時代に見た山田太一さん脚本の『ふぞろいの林檎たち』が記憶に残っています」

――これまでの生活経験の関わりが大きいのでしょうか。

「メーカーの会社員だった父の転勤で9歳から14歳までアルゼンチンに暮らしたことで、サッカー好きになりました。アルゼンチンにいたとき、亡命先から帰国し大統領になったペロン氏が亡くなって妻のイザベル氏が世界初の女性大統領に就任したり、隣国チリでアジェンデ政権がピノチェト将軍のクーデターで倒れたりしました。現地では友人が亡命することもあり、子ども心に政治が変わると生活が変わることを実感しました。アルゼンチンのあと3年間、カナダに住みました」

――海外での生活がその後の進路に影響を与えたのでしょうか。

「大学卒業後に進んだ米ジョージタウン大の大学院では、核軍縮や安全保障を専攻しながら国連軍縮局でインターンをしました。当時のレーガン政権時代に教育費の大幅カットで奨学金が削減され、帰国することになりました。テレビ局に就職したのは、姉がNHKにいたこともあり身近に感じ、おもしろそうという動機からでした。報道センターで政治部や外信部で記者をしたほか、木村太郎さんが出演する月1回の国際報道番組のディレクターを務めました。世界各地を取材する忙しい日々だったのですが、アウトプットするばかりで自分が空っぽになるのではと感じ、もう一度インプットしたいと辞めました」

――当時の報道番組とその後を比較して感じることは。

「テレビ朝日『ニュースステーション』の久米宏さん、TBS『NEWS23』の筑紫哲也さんという実力のあるキャスターが当事者を番組に招いて直接聞くというスタイルが、わかりやすく身近に感じられました。ライブでの生き生きした表情を伝えることで加工されていない言葉を引き出し、視聴者としてドキドキした感覚で見ていました。2人のキャスターは存在感があり、ゲストと対峙するときに迫力があった気がします。筑紫さんの『多事争論』からは問題のとらえ方や切り口、考えるヒントを教えられました。私がフジテレビにいたころはバブル期で海外を含めて希望する所に出張に行けましたが、バブルがはじけて制作費が厳しくなったと聞きます。番組の作り方も変わってきて、以前は多かった国際報道が減り、ニュース内容も内向き指向になったのではないでしょうか」

――97年に創設されたときからNGO「地雷廃絶日本キャンペーン」（JCBL）の理事を務める立場から報道に感じることは。

「冷戦が終わり92年から大国の圧力を排して中小国と国際NGOが連携して地雷廃絶に取り組むという動きが始まり、99年には対人地雷禁全面止条約が発効しました。地雷廃絶という海外を舞台にした活動について、もともと少ない国際ニュースの中で取り上げられるのが難しいことは理解しています。その中で親爆弾に数十~数百の子爆弾が詰められている非人道的なクラスター爆弾の禁止条約交渉が行われていた07~08年、日本政府は条約に当初反対していました。JCBLがクラスター爆弾の被害者を日本に招いたとき、民放を含め多くのメディアで取り上げてもらったことがあります。被害者が鎌倉を訪れたとき、『テレビで見ましたよ』と声をかけられました。メディアの力を感じるとともに、その力を権力に向けてほしいと改めて思いました」

――その後はどうですか。

「クラスター爆弾禁止条約が2010年に発効しましたが、大国の未加盟国が多く、問題は解決していません。17年5月、オランダを拠点とする国際NGOがクラスター爆弾のメーカーに投融資する世界の金融機関166社のリストを公表し、東京で記者会見したときはテレビ朝日やTBSのニュースなどで報道されました。条約締結国の中で日本からはオリックス、第一生命など最も多い4社が入っていました。その後、三菱UFJフィナンシャル・グループ（FG）と三井住友FGが融資しない方針に切り替え、全国銀行協会も18年3月にクラスター爆弾メーカーへの融資をしない申し合わせをしました」

――TBSの報道番組「サンデーモーニング」のコメンテーターとしての出演も長くなりましたね。

「07年からだいたい月に1回出演しています。類似する番組があまりないせいか、『あの番組をよく見ていますよ』と声をかけられることがあります。ただ、シナリオや台本はなく概略の紙1枚があるだけで、打ち合わせもない番組なんです。前々日に、番組で取り上げる三つの主なテーマを伝えられるだけで、番組最後の『風をよむ』もわかるのはタイトルだけ。黒板を使って解説する依頼がスタッフからあるのも前日です。朝8時から始まる生放送の20分から25分前にスタジオへ入って座ります。そのとき、フリップや手作り模型の中身がわかります」

――出たとこ勝負なのですね。

「コメンテーターがそれぞれどんなことをしゃべるかも事前に調整していません。他のコメンテーターの発言に同意することもあれば、『私はこう思う』と言うこともあり、予定調和は一切ありません。われわれがとんでもないことをしゃべる可能性があるわけで、かなりチャレンジングな番組だと思います。私自身は放送にふさわしくない表現や言葉の使い方には気をつけますが、ふだん感じていること、思っていることを自由にコメントしています。番組における関口宏さんの存在感が大きいのは確かです」

――いまのテレビ番組に注文するとすれば。

「ニュース番組についていえば、時間枠が圧倒的に少ないと感じます。スポーツコーナーが長く、いろんなニュースを取り上げすぎていると思います。一つの問題をもっと掘り下げてほしい。ある特定の問題を報じるときに偏りなく伝えようとする印象が強く、両論併記にこだわっているのではないでしょうか。踏み込まず、波風立てないニュース番組が増えています。批判する際でも以前より控えめになっている感じがします。また、情報バラエティー番組でのコメンテーターでの起用で疑問に思うことがあります。お笑い芸人の方がコメントしてはいけないとは思いませんが、時事問題の知識や情報が十分にないなかでの過激なコメントが偏見を助長させる恐れがあるのではないでしょうか。視聴者からは専門性があるコメンテーターかどうか区別がつきません。テレビでは視聴率を取れないと番組は存続できません。その一方で、視聴率を取れるコンテンツが伝えたい内容とは限りません。バランスのせめぎ合いはずっとあり、永遠の課題なのでしょう」

めかた・もとこ

1961年、静岡県生まれ。上智大外国語学部卒業後、米ジョージタウン大大学院で国際政治学の修士課程を修了、日本国際交流センターを経て、87年にフジテレビ入社。記者、ディレクターとして4年半勤めたあと退社。コロンビア大大学院で都市計画の修士課程、大阪大大学院国際公共政策研究科博士課程を修了し、東大客員助教授などを経て、2004年から中央大総合政策学部教授。著書に『国境を超える市民ネットワーク』『行動する市民が世界を変えた』など。

インタビュー04
河合薫さん（健康社会学者／気象予報士としてテレビ朝日「ニュースステーション」に出演）

「番組存在の軸が見えない」

――「ニュースステーション」出演のきっかけとは。

「1994年9月に初の国家試験だった気象予報士の合格発表が気象庁であったとき、『ニュースステーション』のディレクターが地下鉄の大手町駅まで追いかけてきたので、名刺だけ渡しました。その夜7時すぎ、勤務先の気象予報会社・ウェザーニューズの上司から自宅に電話があり、『いまからテレビ朝日へ行ってください』と。会社に立ち寄って天気予報のデータをチェックしたあと放送局に向かい、そのまま出演して天気予報を伝えました」

――なんとも急な。

「私をはじめ、合格した気象予報士5人が日替わりで出演しました。番組の企画として、合格者から5人をつかまえて1週間出すことになっていたらしいです。ディレクターの裁量で5人を現場で選ぶのですから大胆ですが、『ニュースステーション』はチャレンジングな試みをしていて、『おもしろそうな人を連れてこい』という指示があったようです。テレビに出たいという希望があったわけではないのですが、『わかりやすい』と言ってくださって、12月から毎週金曜、その後に木、金曜に出演することになりました」

――天気予報ではどんな工夫を。

「スタジオで雲の中身を見せることにしたときのことです。上昇気流の動きは、いってみればおみそ汁の具が上下運動するようなものです。白い小さな物体をドライヤーで吹き上げながら、上昇気流によって雨や雪ができる仕組みを表現しました。白い物体に何を使うか、ドライヤーの風の強弱をどう使い分けるかと、スタッフと一緒に知恵を絞りました。以前の天気コーナーは、ニュースが押すと短縮されがちでした。私になってから、クッション扱いはやめると言われました。アイデアをひねり、10の材料を集めてはそぎ落とし一つにする作業を繰り返しました」

――スタッフから言われて記憶に残るものがあれば。

「『様（さま）を見せろ』という言葉です。雲の様子をわかりやすく見せるというのも、その一環でした。映像の力を生かすため、ひと目でわかるようにする新しい工夫を求められました。グラフや図を大型のカードで示すフリップはよく使われますが、安心材料でしかありません。様を効果的に伝えるものとはいえません。その意味で、日本テレビの科学番組『所さんの目がテン！』は音声の使い方を含め、様を見せる工夫に満ちていて勉強になりました。久米宏さんからは『うまくやろうと思わなくていいけれど、もう少しテレビ的にやりたいのなら落語を聞きなさい』と言われ、寄席に行くようになりました。間（ま）を覚えなさい、という意味でした」

――4年余り出演した「ニュースステーション」で学んだものとは。

「見ている人があした話題にすることをやれ、とよく言われました。新しいことをすることはいいこと、という空気でした。企画コーナーでは『風俗を語るときは政治的に語れ、政治を語るときは風俗を語るように語れ』ともよく言われました。テレビは知的な遊びであるべきだ、という主張だったんですね。渋谷の若者が地べたに座る風潮を、霊長類の歴史にさかのぼりながら取り上げたことを思い出します。あと久米さんはキャスターと名乗らず、司会者だとずっと言ってきたのは『他の出演者をよく見せるのが司会者』という考えがあったからだ、と個人的には理解しています。私も最初から久米さんのツッコミで光らせていただきましたから」

――視聴者の立場から見た、いまのテレビの評価は。

「ひと言で言えば、様が見えません。報道番組ではコメンテーターに頼りすぎです。コメンテーターに言わせることで、番組が満足しているようでもったいない。番組にはそれぞれに伝えたいアイデンティティーがあるはずです。それがみんな同じように映っています。番組が存在する軸がわかりにくいのです。私が画面に出ていたころ、久米さんがいる一方で、ＴＢＳ『ＮＥＷＳ23』には骨太だった筑紫哲也キャスターが存在していました。18年10月から有働由美子さんを起用した日本テレビ『ｎｅｗｓ　ｚｅｒｏ』はアイデンティティーをもって、有働さんのいいところを出しながら夜のキャスターにすべく覚悟を決めて取り組んでほしい。今は何をやりたいか、わかりません」

——他に気になる点があれば。

「2011年に女子サッカーワールドカップで優勝したなでしこジャパンの選手が帰国してワイドショーに出演したとき、『彼氏はいる?』『結婚は?』といった質問がよく出ていました。街頭で『サッカーや柔道の女子選手を彼女にしたいと思いますか』とインタビューしていた場面を見たこともあります。なぜ、このようなことを聞いて、不愉快に思わないのでしょうか。男子サッカーの日本代表選手に、番組で彼女や結婚については聞かないでしょう。それから、情報番組で特定の人を集団リンチのようにこれでもかというほどたたく傾向がここ2、3年強まっているように感じます。その一方で、閣僚に対してはパソコンをしない桜田義孝五輪相や政治資金問題を抱える片山さつき地方創生相を批判しても、相当ひどいことを言っている中枢にいる麻生太郎財務相もたたこうとはしません。民放の以前の報道番組では、首相についても手加減しなかったと思うのです」

——では、どんな番組を見ているのですか。

「この2、3年、テレビを見なくなって、ラジオをよく聞くようになりました。情報がほしいので、テレビ朝日『報道ステーション』を見てはいますが。ドラマはもっぱらＷＯＷＯＷで放送されている連続ものやアメリカの作品を見ています。『24』がきっかけでしたが、13年に放送された食品偽装をテーマにした『震える牛』は、地上波民放にはスポンサーの問題から取り上げられないと感じました。それから障害者問題に取り組むＥテレ『バリバラ』は丁寧に作られています。ＮＨＫの『チコちゃんに叱られる！』はチャレンジングでおもしろい」

――これからのテレビに望むこととは。

「私自身はバブル世代として、同世代が若いときに思い描いていたような50代を迎えていない現実があります。『ニュースステーション』出演がきっかけでアウトドア雑誌から依頼されたことから、文章を書くようになりました。天気と健康の関わりをまとめた『体調予報』という本に後押しされた面もあり、大学院で健康社会学を専攻しました。生きづらい世の中で人が少しでもハッピーになることをと考え、日経ビジネスオンラインなどで執筆しています。いろいろなメディアに関わってきましたが、テレビの影響力や瞬発力はいまも絶大です。ネットは普及してきたとはいえ、アマゾンをネットの書店にたとえるならば、テレビは全国の書店に匹敵します。影響力が大きいのに、どこの局もひな壇に芸人を同じように座らせているのはもったいない。リーマン・ショック後にコストダウンで制作費を削減された影響か、いいものを作るよりも安く作る方が評価されるようになったとも聞きます。さらに、上からの圧力を感じる当たり障りのない番組が増えています。コメンテーターの顔ぶれにも反映しています。批判を恐れ、忖度しているように思います。コストダウンや忖度こそが、番組をつまらなくしている原因と考えています」

かわい・かおる

1965年、千葉県出身。千葉大教育学部を卒業後、88年にCA（キャビンアテンダント）として全日本空輸に入社。92年に退社、民間気象予報会社に移る。94年、気象予報士試験に合格し、同年から「ニューステーション」に出演。東大医学系研究科修士課程、博士課程を修了。学術博士。主著に『他人をバカにしたがる男たち』『残念な職場』など。

おわりに

「リカはカンチに別離を告げ、カンチはさとみと結婚する……そして、25年という時が流れた。」

1991年にフジテレビで放送され一世を風靡したドラマ「東京ラブストーリー」。25年後の続編を、原作者の柴門ふみはコミックス『**東京ラブストーリーAfter25years**』（小学館）として2017年1月に出版した。50歳になったカンチの娘と、リカの息子がバイト先で知り合い交際する設定のなか、介護の問題にも直面する。そのプロローグに書かれた「25年という時」はまるまる平成時代と重なる。

2018年10月にフジテレビの月9で放送された**「SUITS／スーツ」**は、カンチ役の織田裕二とリカ役の鈴木保奈美が27年ぶりに共演したことで大きな話題となった。「東京ラブストーリー」の後光はなお健在だった。

バブル経済が崩壊する直前ともいえる91年1月から放送された「東京ラブストーリー」の赤名リカと、96年4月に編成されたドラマ**「ロングバケーション」**の主人公だった売れないモデルの葉山南（山口智子）を取り上げた論文がある。90年代を代表する二つの番組と位置づけ、登場人物の女性像をこう批評している。「『リカ』や『南』に象徴されるような、快活で自分の欲求をストレートに表現する自立した女性を『現代の女性』として肯定的に構築してきたと言えるだろう」（伊藤守「九〇年代の日本のテレビドラマにみる女性性の表象」、岩渕功一編『グローバル・プリズム』、平凡社、２００３年）

コラムニスト中森明夫は、さくらももこの**「ちびまる子ちゃん」**の舞台となった１９７０年代半ばと平成の共通点を指摘している。「ドルショック、オイルショックで高度経済成長が頓挫したその時期は、バブル崩壊後の失われた時代と呼ばれる平成を先取りしていた」。それだからこそ、「小さな日常の喜びを発見する『ちびまる子ちゃん』が愛されたのもよくわかる」と分析する（毎日新聞２０１８年9月19日夕刊）。

こうして取り上げてきた番組がフジテレビの作品ばかりだったのは、偶然とはいえない。

平成が始まってから20年間、視聴率のトップ争いを繰り広げてきたのはフジテレビと日本テレビだった。ただ、日本テレビは、視聴者が見たい場面をCMのあとに回す「山場CM」など、視聴率をテクニカルに引き上げる工夫にたけていた印象がある。斬新な企画や時代を感じさせる作品など番組の革新性という観点から見れば、記憶に残る番組はフジテレビに多かった。

メディア文化論を専門とする法政大教授の稲増龍夫は著書『パンドラのメディア』（筑摩書房、2003年）で、テレビが変容していった背景を次のように解説している。「『純粋テレビ世代』が成熟してきた一九八〇年代以降、テレビをめぐる状況は大きく変わっていった。テクノロジーへの『信仰』は日常化し、認識や情報行動の隅々においてテレビ的感性が『身体化』されていた。八〇年代以降の『テレビ革命』が成し遂げたのは、パロディ的な番組作りで既存の常識や価値秩序を『脱神話』し、『自己相対化』の姿勢でマス・メディアの権威を解体し、曲がりなりにも受け手の目線に立脚したコミュニケーション回路を構築したことだ」

そして、**「フジの八〇年代の基本哲学であった『楽しくなければテレビじゃない』とい**

うキャッチフレーズは、八〇年代前半の『パロディの時代』を見事に体現するものであった」と指摘する。

94年にフジテレビから三冠王を日本テレビが奪取できた要因について、稲増は「メディア的身体性に根ざした現代人の視聴行動を徹底的に分析し、新たな編成方針を打ち出したこと」と見ている。そのうえで、「日本テレビは、八〇年代のフジテレビの『楽しくなければテレビじゃない』のような、時代の流れを先取りするような画期的新機軸を打ち出したわけではない。むしろ、55分から番組を始め他局が定時にCMを入れている間に視聴者を誘導したり、クイズで解答を提示する寸前にCMを入れザッピングを避けたりと、徹底的に視聴者の生理や視聴行動を読んだきめ細かい戦略技術を編み出したのである。いわば、こうした地道な『工学』的発想でフジテレビの牙城を崩したのである」と総括している。

日本テレビは取り上げると必ずといっていいほど反発の意見があがる「南京事件」を、15年と18年に**「NNNドキュメント」**で放送するといった矜持を持ち合わせている。ただ、マーケティングにこだわる日本テレビが14年から視聴率1位を保っているのも、平成末期の時代性を象徴しているように感じる。

メディアとしてテレビのピークはいつだったのか。放送関係者からしばしば聞くのは、「ドラマの完成度が最も高かったのは1970年代後半から80年代前半にかけて」という声だ。向田邦子、早坂暁、山田太一、倉本聰といった実力ある脚本家が脂の乗りきった昭和末期にあたる時期であり、互いに競うように書いては秀作が生み出されていった。

ドラマ史上で不朽の名作と呼ばれる山田太一脚本のTBS「岸辺のアルバム」を演出した鴨下信一が、「文化の面では多くの才能がいっぺんに出てくることがある。当時は気づかなかったが、いま振り返れば黄金時代だった」と、私に話したことがあった。

この本は、朝日新聞デジタル内にある課金制の言論サイト「WEBRONZA」(ウェブロンザ)で18年8月24日から19年1月7日まで、22回にわたり連載した記事をまとめたものだ。

インタビューに登場していただいたテレビ局や制作会社で番組づくりに携わった経験をもつ識者から、記憶に残る出演者らの固有名詞で複数あがったのは、昭和の終盤から活躍してきた山田太一、久米宏、筑紫哲也だった。いまも健筆をふるう山田太一の作品を見ることのできる幸福を感じつつ、バラエティー番組でもビートたけし、タモリ、明石家さんまのビッグ3を超える存在は登場していない現実に気づく。**平成の30年間に昭和時代を超える脚本家やキャスター、お笑いタレントが輩出されたのかと思うと首をひねり、その理由を考え込んでしまう。**

ただ、テレビ離れがささやかれるなか、時代の刻印をしっかり押された番組が平成の時代にあったのは、この本に取り上げた数々の作品からも明らかだ。平成が終わったあと、過去を振り返る時期になってこそ、歴史的な意義や重要性がくっきりとする番組が現れるにちがいない。テレビ番組はそうした宿命を背負っている。そのような点で、番組が生まれた背景や制作者の意図を記録する意味があると考えている。

２０１９年2月吉日

川本裕司

ディスカヴァー携書 212

テレビが映し出した平成という時代

発行日　2019年　2月22日　第1刷

Author　川本裕司

Book Designer　杉山健太郎

Publication　株式会社ディスカヴァー・トゥエンティワン
〒102-0093　東京都千代田区平河町2-16-1 平河町森タワー11F
TEL　03-3237-8321（代表）03-3237-8345（営業）
FAX　03-3237-8323
http://www.d21.co.jp

Publisher　干場弓子
Editor　大竹朝子

Marketing Group
Staff　清水達也　小田孝文　井筒浩　千葉潤子　飯田智樹　佐藤昌幸
谷口奈緒美　古矢薫　蛯原昇　安永智洋　鍋田匠伴　榊原僚
佐竹祐哉　廣内悠理　梅本翔太　田中姫菜　橋本莉奈　川島理
庄司知世　谷中卓　小木曽礼丈　越野志絵良　佐々木玲奈
高橋雛乃

Productive Group
Staff　藤田浩芳　千葉正幸　原典宏　林秀樹　三谷祐一　大山聡子
堀部直人　林拓馬　松石悠　木下智尋　渡辺基志

Digital Group
Staff　松原史与志　中澤泰宏　西川なつか　伊東佑真
牧野類　倉田華　伊藤光太郎　高良彰子　佐藤淳基

Global & Public Relations Group
Staff　郭迪　田中亜紀　杉田彰子　奥田千晶　連苑如　施華琴

Operations & Accounting Group
Staff　山中麻吏　小関勝則　小田木もも　池田望　福永友紀

Assistant Staff　俵敬子　町田加奈子　丸山香織　井澤徳子　藤井多穂子
藤井かおり　葛目美枝子　伊藤香　鈴木洋子　石橋佐知子
伊藤由美　畑野衣見　井上竜之介　斎藤悠人　宮崎陽子
並木楓　三角真穂

Proofreader　文字工房燦光
Printing　共同印刷株式会社

ISBN978-4-7993-2429-5

携書ロゴ：長坂勇司
携書フォーマット：石間　淳